马铃薯营养食谱

马铃薯，虽然"其貌不扬"，但营养丰富、味道可口，可为人体提供多种营养素。

郭月英／编著

内蒙古人民出版社

图书在版编目（ＣＩＰ）数据

马铃薯营养食谱 / 郭月英编著． -- 呼和浩特 ：内蒙古人民出版社，2020.10

ISBN 978-7-204-16358-8

Ⅰ．①马… Ⅱ．①郭… Ⅲ．①马铃薯－食谱 Ⅳ.
① TS972.123.4

中国版本图书馆 CIP 数据核字（2020）第 118848 号

马铃薯营养食谱

作　　者	郭月英
责任编辑	侯海燕
封面设计	李　琳
责任校对	郭婧赟
责任监印	王丽燕
出版发行	内蒙古人民出版社
地　　址	呼和浩特市新城区中山东路 8 号波士名人国际 B 座五层
网　　址	http://www.impph.com
印　　刷	内蒙古爱信达教育印务有限责任公司
开　　本	710mm×1000mm　1/16
印　　张	11
字　　数	130 千
版　　次	2021 年 1 月第 1 版
印　　次	2021 年 1 月第 1 次印刷
印　　数	1 － 2000 册
标准书号	ISBN 978-7-204-16358-8
定　　价	39.00 元

如发现印装质量问题，请与我社联系。联系电话：（0471）3946120

前　言

　　随着我国经济的快速发展及人民生活水平的不断提高，人们对食品的要求已经从"吃饱求生存"转变为"吃好求口味"。食品原料越来越丰富，消费者的选择越来越多，但一些不健康的饮食习惯也带来了健康问题，使心脑血管疾病、"三高"问题呈现出年轻化趋势。因此，如何给大家提供适当的营养膳食指导，即做到吃好，又做到吃得健康，成为食品科研领域的一项重要任务。

　　早在1992年世界卫生组织在加拿大维多利亚召开的国际心脏健康会议上发表的《维多利亚宣言》就提出了健康的四大要素：合理膳食，适量运动，戒烟限酒，心理平衡。在这项宣言中，合理膳食排在了第一位，足见合理膳食的重要性。

　　一定的营养知识和一些营养食谱的提供可以指导大众如何科学合理膳食，真正实现高品质的生活。膳食如何安排，即是一门学问，也日渐成为大众饮食的养生需求。现在，养生不再是老年人的专题，养生已经逐渐发展为一种全民热潮。因此，如何成为一名养生达人，在繁忙的工作之余，轻松合理地安排家庭营养膳食成为我们的追求目标。

　　联合国粮农组织曾把2008年定为"国际马铃薯年"，把马铃薯称作"隐藏的宝贝"，并且认为21世纪马铃薯可以挽救富贵病缠身的人类。2015年，我国农业部启动马铃薯主粮化战略。马铃薯由于营养丰富、产量高、种植面积广、可储存时间长而被人们重新认识，马铃薯也成

为除水稻、小麦、玉米之外的又一主粮被大众认可。而且，粮菜兼用的马铃薯还具有独特的营养优势。

鉴于马铃薯的重要性及其营养价值，本书在简要介绍马铃薯的营养功效及饮食禁忌等知识后，重点编写了以马铃薯为主要食材的中式及非中式营养食谱，读者朋友可以通过本书的指导自己在家制作营养美食，实现享用美食并达到营养、健康的多重功效。

目录
MULU

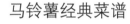

目

录

马铃薯百变主食

马铃薯自制美味小吃

马铃薯靓汤

马铃薯非中式营养食谱

马铃薯主食

马铃薯经典菜谱

目

录

马铃薯甜品

马铃薯营养食谱

目

录

马铃薯概述

马铃薯的起源和种类

马铃薯又名洋芋、土豆、山药蛋、地蛋等，属茄科多年生草本植物，块茎可供食用，是全球第四大重要的粮食作物，仅次于小麦、稻谷和玉米，与小麦、稻谷、玉米、高粱并称为世界五大作物。

在我国，山西人爱说"山药蛋宝中宝，顿顿饭离不了"。在法国，马铃薯被称作"地下苹果"。马铃薯营养素齐全，且易被人体消化吸收，在欧美享有"第二面包"的美誉。

在人们的固有印象中，马铃薯总是被当作一道菜，其实马铃薯不仅可以作为蔬菜被食用，而且也可以作为主食来食用，并且是营养价值很高的"好菜好饭"。

我国是世界第一大马铃薯种植

四大主粮

土豆简历

基本资料（中国）

姓名：土豆　　　　　学名：马铃薯
别名：洋芋、山药蛋、地蛋、薯仔、洋番芋
年龄：存在历史10000年，在中国种植400多年
家庭住址：生存高度从平原至海拔4500米处（西南、西北、内蒙古和东北地区）
种植面积：8355万亩
总产量：9500多万吨（世界第一）　　　　　　（数据截至2014年）

土豆四大优势

耐贮存	好种植	可防慢性病	有营养
土豆全粉在常温下可贮存15年以上，大米、玉米、小麦则在1年到3年之间。	土豆号称"省水、省肥、省药、省劲儿"，它耐寒、耐旱、耐瘠薄，适应性广。	土豆富含膳食纤维，脂肪含量低，有利于预防糖尿病等慢性疾病。	土豆含有丰富的钙、磷、铁等，被誉为食品领域的"第二面包"。

哪些国家的人最爱吃土豆

 俄罗斯 170公斤　　　乌克兰 136公斤　　　 英国 102公斤

以上均为每年每人消费土豆的重量

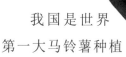

马铃薯营养食谱

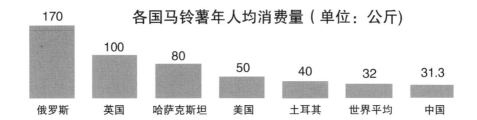

各国马铃薯年人均消费量（单位：公斤)

170 俄罗斯
100 英国
80 哈萨克斯坦
50 美国
40 土耳其
32 世界平均
31.3 中国

国，产量也跃居世界第一位，但我国的马铃薯消费量却远远低于俄罗斯、英国、哈萨克斯坦、美国等国家，甚至低于世界平均水平。

一、马铃薯的起源

马铃薯原产于南美洲的安第斯山区，人工栽培历史最早可追溯到大约公元前 8000 年到公元前 5000 年的秘鲁南部地区。马铃薯在明朝万历年间传入我国，在我国有四百余年的种植历史。目前，马铃薯主要生产国有中国、俄罗斯、印度、乌克兰、美国等。我国是马铃薯总产量最多的国家。

清末，传教士把紫色马铃薯引进云南开始种植。20 世纪 30 年代，紫色、红色的马铃薯在山西雁北地区有较大面积种植，红色马铃薯在辽宁省也有种植。

二、马铃薯的种类

马铃薯按照表皮的颜色区分，一般有白、黄、红、紫、褐、黑等颜色，马铃薯肉有白色、淡黄色、黄色、粉红色、青色、紫色和黑紫色等几种。其中，黄色马铃薯最为常见。紫色或黑色马铃薯之所以呈现黑紫色，是因为其含有大量的花青素。花青素是天然抗氧化剂。

目前，我国已培育出以紫色、红色为主的彩色优质马铃薯。马铃薯专家将传统紫色、红色的马铃薯品种与优良高产马铃薯品种进行杂

交，改良筛选出一百多种不同品系的彩色马铃薯。这些改良品种既保留了彩色马铃薯艳丽的颜色，又提高了产量。与传统的品种相比，杂交改良后的彩色马铃薯芽眼小，外观好看，抗病性强，既美观又营养丰富。

近年来，彩色马铃薯在市场上日渐增多，其营养成分较普通马铃薯更为丰富。彩色马铃薯可用于特色食品的研究开发，由于含有天然抗氧化成分，因此，高温后仍可保持天然颜色，可以用于彩色食品的研究开发。此外，紫色马铃薯对光不敏感，油炸薯片可长时间保持原色。

马铃薯的营养价值

一、马铃薯中的营养成分

一般新鲜马铃薯中，淀粉占 9% ～ 20%，蛋白质占 1.5% ～ 2.3%，脂肪含量为 0.1% ～ 1.1%，粗纤维为 0.6% ～ 0.8%。每 100 克马铃薯中的热能为 318 千焦，含钙 5 ～ 8 毫克、磷 15 ～ 40 毫克、铁 0.4 ～ 0.8 毫克、钾 200 ～ 340 毫克、碘 0.8 ～ 1.2 毫克、胡萝卜素 12 ～ 30 毫克、硫胺素 0.03 ～ 0.08 毫克、核黄素 0.01 ～ 0.04 毫克、烟酸 0.4 ～ 1.1 毫克。

马铃薯块茎中含有大量的淀粉。淀粉是食用马铃薯的主要能量来源。一般早熟品种含有 11% ～ 14% 的淀粉，中晚熟品种含有 14% ～ 20% 的淀粉，高淀粉品种的块茎可达 25% 以上。此外，块茎中还含有葡萄糖、果糖和蔗糖等。因此，在一些欧美国家，马铃薯是传统的主食之一。

二、马铃薯中蛋白质的特点

马铃薯块茎中含有 2% 左右的蛋白质，薯干中蛋白质含量为 8% ～ 9%。研究表明，马铃薯中的蛋白质营养价值很高，其品质相当于鸡蛋中所含的蛋白质，易被人体消化、吸收，优于其他作物的蛋白质，且马铃薯的蛋白质中含有 18 种氨基酸，包括人体不能合成的各种必需氨基酸，如赖氨酸、色氨酸、组氨酸、精氨酸、苯丙氨酸、缬氨酸、亮氨酸、异亮氨酸和蛋氨酸。

三、马铃薯中维生素含量的优势

马铃薯块茎中含有多种维生素和无机盐，马铃薯也是所有粮食作物中维生素含量最全的，其含量相当于胡萝卜的2倍、大白菜的3倍、番茄的4倍，B族维生素含量更是苹果的4倍。特别是马铃薯中含有禾谷类粮食所没有的胡萝卜素和维生素C，其所含的维生素C是苹果的10倍、西红柿的4倍，维生素C的含量为蔬菜之最。

专家们发现，在俄罗斯、保加利亚、厄瓜多尔等国著名的长寿之乡里，人们的主食就是马铃薯。从营养角度来看，它比大米、面粉具有更多的优点，被称为"十全十美的食物"。实验证明，0.25千克的新鲜马铃薯中的维生素可提供一个人一昼夜能量消耗的需求。马铃薯中的维生素C是日常食用的大米、白面中所没有的，马铃薯块茎中还含有维生素A、维生素B1（硫胺素）、维生素B2（核黄素）、维生素PP（烟酸）、维生素E（生育酚）、维生素B3（泛酸）、维生素B6（吡哆醇）、维生素M（叶酸）和生物素H等，均对人体健康有益。另外，马铃薯中的无机盐如钙、磷、铁、钾、钠、锌、锰等也是人体及幼儿发育成长不可缺少的物质。

在欧美国家，人们认为马铃薯比其他蔬菜更受欢迎。马铃薯中钾的含量比香蕉中的含量更多，热量低且营养丰富，一个中等大小的带皮马铃薯仅含110卡路里热量，但能提供人体每日所需维生素C的30%，同时还能提供碳水化合物，让人们一天都精力充沛。

四、彩色马铃薯中的花青素和多酚

彩色马铃薯除了具有普通马铃薯的淀粉、蛋白质、维生素、矿物质等营养成分，还含有功效独特且具有药用价值的物质——花青素和多酚类等高抗氧化活性成分。

水果中，蓝莓的花青素含量非常高。普通马铃薯中，花青素含量很低，而彩色马铃薯的花青素含量很高，尤其是黑色、紫色和红色的。一颗紫色马铃薯的花青素含量相当于四颗蓝莓。以黑玫瑰（马铃薯品种名称）为例，其花青素含量达 0.435 毫克／克，是荷兰 7 号（马铃薯品种名称）的 27 倍。彩色马铃薯的多酚含量是普通马铃薯的 5 ～ 6 倍。

黑玫瑰

荷兰7号

马铃薯概述

马铃薯的食疗功效

　　马铃薯可作为蔬菜被用来制作佳肴，也可作为主粮被食用。马铃薯中所含的营养丰富、全面，具有多种食疗功效，广为消费者喜爱。

　　中医认为，马铃薯"性平味甘无毒，能健脾和胃，益气调中，缓急止痛，通利大便，对脾胃虚弱、消化不良、肠胃不和、脘腹作痛、大便不畅的患者疗效显著"。

　　现代研究发现，马铃薯可以调理消化不良等症，且对胃病和心脏病患者有一定的疗效。马铃薯淀粉在人体内吸收速度慢，糖尿病患者亦可食用。马铃薯中含有大量的优质纤维素，在肠道内可以供给肠道微生物大量营养，促进肠道微生物生长发育，同时还可以促进肠道蠕动，保持肠道水分，有预防便秘和防治癌症等功效。马铃薯中的钾含量高，每周食用五六个马铃薯，可使人们患中风的概率下降40％。

　　食用马铃薯还有助于排遣负面情绪。上班一族有时容易受到抑郁、不安等负面情绪的困扰，马铃薯含有维生素C以及矿物质和营养元素，有益于改善人的精神状态。

　　马铃薯块茎中含有丰富的膳食纤维，并含有丰富的钾盐，属于碱性食品。有资料表明，马铃薯中的膳食纤维含量与苹果接近，因此胃肠对马铃薯的吸收较慢，食用马铃薯后，停留在肠道中的时间比米饭长得多，所以更具有饱腹感，同时还能帮助带走一些油脂和垃圾，具有一定的通便排毒作用。

　　研究表明，马铃薯中的淀粉是一种抗性淀粉，具有缩小脂肪细胞的作用。因此，马铃薯被誉为减肥食品。另外，马铃薯是非常好的高钾低钠食品，很适合水肿型肥胖者食用。

彩色马铃薯中富含花青素。花青素是当今人类发现的最有效的抗氧化剂之一，它的抗氧化能力比维生素 E 高出 50 倍，比维生素 C 高出 20 倍。彩色马铃薯中富含花青素，尤其是紫色、黑色、红色马铃薯含量更多。在欧洲，花青素有"口服的皮肤化妆品"的美誉。花青素和多酚是目前预防疾病、维护人体健康最直接、有效且安全的自由基清除剂。花青素不但具有防癌抗癌、增进视力、延缓人体衰老、改善睡眠、健脑、美容减肥的功效，还被称为"动脉粥样硬化的解毒药"，可以增强血管弹性，减少心血管疾病的发生。

马铃薯中的抗氧化剂包括维生素 C、类胡萝卜素和花青素，数量和种类取决于马铃薯的品种。所以，在饮食中食用不同种类的马铃薯，如红色、紫色、黄色、赤褐色的马铃薯，将更有利于我们身体营养的均衡摄取。

生活中，马铃薯大多时候被称作土豆，中外有很多经典的食用方法。

马铃薯概述

马铃薯的饮食禁忌

　　马铃薯营养丰富，有很多功效，但是在食用马铃薯时还要注意一些禁忌问题，如马铃薯忌连皮食用。

　　马铃薯中所含的龙葵素是有毒物质，人体若摄入大量这一物质，会引起急性中毒。这种有毒物质多集中在马铃薯表皮里，红皮或紫皮中的龙葵素含量多于黄皮。光照使马铃薯表皮变绿后，龙葵素又会增多，而马铃薯表皮变绿是生活中常见的现象。对于变绿的马铃薯，我们经常听到的一种说法是"马铃薯变绿就不能吃了，马铃薯皮变绿会产生一种叫龙葵素的毒素，如果吃了就会中毒。"那么，皮变绿的马铃薯到底能不能食用呢？

　　马铃薯表皮变绿是因为马铃薯在贮藏过程中直接接触到光照，从而产生了叶绿素。叶绿素本身无毒，然而，在马铃薯变绿的过程中，尤其是变绿的部位，有毒物质龙葵素的含量也会升高，因此，生活中人们常常用马铃薯皮是否变绿来判断其有毒成分——龙葵素的含量。

　　龙葵素是一种有苦、麻口感的物质，每百克超过二十毫克的含量就有可能对人畜产生毒害，食用后也会有口干舌燥、胸闷的现象出现，严重的可能会导致人畜直接瘫痪的现象。

　　研究显示，变绿的表皮和绿色部分的马铃薯中龙葵素含量升高，而没有变绿的正常颜色部分的龙葵素含量没有明显变化，因此，若是很小的一部分变绿，彻底切掉绿的部分，剩余没有变绿的部分还可以食用，但是变绿面积大且已经深入到马铃薯内部，就不能食用了。

此外，发了芽的马铃薯中龙葵素含量也会升高很多，因此尽量不要食用发芽的马铃薯。若要食用时，一定要把芽和芽根彻底挖掉。龙葵素可溶于水，放入清水中浸泡可以使其减少。龙葵素遇酸易分解，因此烹饪马铃薯时宜大火炖煮，烧煮时加醋更利于有毒物质的分解。但为防中毒，发芽的马铃薯最好弃之不食。

马铃薯概述

美国马铃薯概述

马铃薯是人类最喜爱的食物之一。经过数千年的培育，它在世界各地的传统烹饪中享有重要地位。美国农民非常喜欢种植马铃薯。在餐馆、零售、餐饮服务和食品工业或家庭聚餐中，马铃薯总是非常受欢迎。

美国是世界上主要的马铃薯生产国之一，每年的产量超过 2000 万吨。美国马铃薯产量高有很多原因，其中包括良好的土壤、理想的生长条件、充足的灌溉以及马铃薯育种、种植行业致力于不断推进的研究和技术。美国马铃薯种植多而广，其品质较好，品种较多，且品种的一致性较好。美国的马铃薯种子要经过严格的种子认证，以确保最高的生产力和一致的口感，还有种子对寒冷的抵抗能力和抗病虫害能力，使生产的马铃薯的缺陷尽量降到最低程度。

在马铃薯品种中，蜡质马铃薯和粉质马铃薯有着不同的特性。蜡质马铃薯由于低淀粉和高水分，在烹饪时呈现出一种滑腻、坚硬的质地，也能保持其形状，这使得它们非常适合于煮、蒸和烘烤后食用。粉质

马铃薯含水量低，到收获的时候，它们的大部分糖分已经转化成淀粉，烹饪后的质地干燥、蓬松，尤其是烘焙和捣碎后，此特性更加突出。粉质马铃薯也是炸制马铃薯食品的良好原料，低糖含量使该类型马铃薯的过度褐变发生率较低。

目前，大约有二百多种马铃薯在美国销售。这些品种中的马铃薯基本可以分为7类：赤褐色马铃薯、黄色马铃薯、红色马铃薯、白色马铃薯、蓝色／紫色马铃薯、拇指薯和小马铃薯。

1. 赤褐色马铃薯

赤褐色马铃薯一般用来烘烤和油炸，成品外表酥脆，里面松软。

它们还可被做成美味的土豆泥，又轻又蓬松。它们的味道及蓬松的质地与各种配料搭配都很完美，从传统的酸奶油和香葱到大胆的地中海和拉丁调味料都可以搭配食用。赤褐色马铃薯切成厚片或薯角后可以做成丰盛的烤薯条。

2. 黄色马铃薯

由于其丰富的黄油味和奶油质地，黄色马铃薯已经非常受消费者和厨师的欢迎。黄色马铃薯可以用来烧烤，经烧烤可使它们的外皮酥脆，同时也生成了一种微甜的焦糖味。黄色马铃薯的奶油质地和金色意味

着你可以少用黄油或不加黄油来做更清淡、更有营养的菜肴，且它们自然光滑的质地很适合烘焙、烤或做成土豆泥等口味较清淡的菜肴。用文火煮熟黄色马铃薯，然后沥干水分，放凉，轻轻捣成泥，用植物油或澄清的黄油将其煎成棕色，作为配菜或开胃菜，再淋上酸奶油、香葱或其他配菜都是不错的选择。

3. 红色马铃薯

红色马铃薯个头一般中等大小或略小，形状为圆形或略长圆形，红色的外皮一般光滑且薄，里面是白色的肉。红色马铃薯为蜡质马铃薯，水分相对较大，肉质光滑，呈奶油状，味道微甜，含糖量中等。

由于它们的蜡质质地，无论是烤马铃

薯还是炖马铃薯,它们在整个烹饪过程中都能保持形状。它们那薄而活泼的红色外皮格外有吸引力,而且美式菜肴中的马铃薯很多都不去外皮,因此,红皮马铃薯的颜色和质地一般可用作配餐和沙拉,另外也用来给汤和炖菜增添色彩,还会作为美味的土豆泥或烤制的原料。

4. 白色马铃薯

白色马铃薯的个头从小到中等都有,形状有圆形,也有长形,外表为白色或褐色的皮,内里为

白色的肉,是一种淀粉含量中等的马铃薯,质地略呈奶油状,皮薄而细腻。白色马铃薯有一种微妙的甜和温和的味道,糖含量低。白色马铃薯也很适合油炸,做沙拉搭配凯撒酱和磨碎的帕尔马干酪,或者牧场沙拉酱及切碎的鸡蛋和培根屑。

5. 蓝色/紫色马铃薯

大多数蓝色/紫色马铃薯水分较大,质地坚实,加工中容易保持其形状,颜色适于制作引人注目的沙拉,味道甘美。蓝色/紫色马铃薯味道温和,有明显的坚果味,口味很适合搭配绿色沙拉。将它们与白色和红色的马铃薯混合在沙拉里或烤制在混合蔬菜里是很流行的搭配。

6. 拇指薯

拇指薯长约5～10厘米,顾名思义,像手指状,外皮有红色、紫色和白色等,肉有红色、紫色、黄

色和白色，有时还有花色条纹。这类马铃薯是坚硬蜡质质地，有黄油、坚果的味道，含糖量中等。

拇指薯的颜色和形状非常受欢迎，从视觉上适合添加到任何菜品中。用平底锅煎炒和烘烤会增强它们的口感，并能展现出它们美妙的坚果味或黄油风味。拇指薯可作为一种独特的土豆沙拉的基础材料，把它纵向切开，烤制后可作为配菜替代薯条，酱料可以选择搭配香辣番茄酱、红椒杏仁酱等。

7. 小马铃薯

这种一口大小的马铃薯是按照美国农业部的等级标准分类的，通常被称为珍珠土豆。它们皮的颜色和肉色与体型较大的同类型马铃薯相同，形状、质地和含糖量也相同，味道也相似，但更浓一些。

小马铃薯风味浓郁且可省去切分的步骤，可节约烹饪时间，使其成为制作马铃薯沙拉的最佳原料，或者简单地加入橄榄油、迷迭香、盐和胡椒粉，就可以做出色彩丰富、美味可口的烤马铃薯。小马铃薯一般放在 0.5～1 千克的小包装袋内出售，各种颜色均有，非常方便搭配组合食用。

马铃薯
中式营养食谱

MALINGSHUYINGYANGSHIPU

马铃薯经典菜谱

NO. 01

炝炒土豆丝

食材：土豆，青椒，红椒，干花椒，葱，干辣椒。

做法：

（1）将土豆去皮切丝，用水浸泡以去除表皮的淀粉。

（2）将青椒、红椒、葱切丝备用。

（3）把油烧至六成热，下干辣椒、干花椒炝炒出香味后用漏勺捞出辣椒和花椒。

（4）加入土豆丝，放入适量盐、鸡精。

（5）炒1分钟左右后加入青椒和红椒丝，继续煸炒2分钟，加入葱丝后起锅。

小贴士：可以根据口味选择添加或不添加干辣椒，另外也可以搭配胡萝卜丝等其他蔬菜。

马铃薯中式营养食谱

咖喱土豆

食材：土豆2个，胡萝卜1根，鸡腿肉200克，糖、盐、咖喱粉（块）、油适量，葱1根。

做法：

（1）将土豆切块后洗去淀粉，胡萝卜、鸡腿肉切块，葱切小丁。

（2）把锅洗净后放油烧至六成熟，加入鸡肉翻炒，待鸡肉稍微上色后，放入切好的葱、土豆、胡萝卜，翻炒，加水，大火煮10分钟（水要多加，大火煮食比较费水，容易干锅）。

（3）加入咖喱（咖喱要预先用凉水调开），加入盐、糖，转小火煮5分钟即可。

小贴士：

（1）咖喱土豆是孩子们喜爱的菜品，肉类可以根据自己的喜好换成牛肉，牛肉需适当延长烹饪时间，土豆在牛肉将熟的时候加入即可。

（2）咖喱粉或块可以根据需求选择辣、微辣或原味。适量加入洋葱，味道更鲜美哦。

NO.05

香菇土豆焖鸡

食材：香菇4朵，大土豆1个，鸡肉适量，红辣椒4个，葱花、姜末、香菜适量，料酒，老抽，生抽，蚝油，胡椒粉，盐，糖。

做法：

（1）将香菇切片、土豆切丁、辣椒切小段。

（2）将鸡肉切小块，用温水清洗，沥干水分。

（3）热锅内入油，放入葱、姜爆香。

（4）倒入鸡肉翻炒至变色。

（5）加1勺料酒，倒入香菇丁、土豆丁，翻炒均匀。

（6）生抽2勺，老抽1勺，蚝油2勺，盐和糖半勺，适量胡椒粉，混合后调汁，倒入锅中翻炒使原料均匀上色。

（7）加入一碗水，煮沸几分钟。

（8）放入辣椒，淋入适量水淀粉，翻炒至浓稠即可。

小贴士：香菇中的多糖成分可改善人体代谢，增强免疫能力；鸡肉对营养不良、畏寒怕冷、乏力疲劳、月经不调、贫血、虚弱等人群有很好的食疗作用，香菇、鸡肉和土豆搭配，有益于健脾胃、强筋骨。

马铃薯中式营养食谱

土豆炖茄子

食材：土豆1个，紫茄子1个，红甜椒，食用油，姜，蒜，生抽，醋，鸡精，水200毫升，盐。

做法：

（1）将土豆削皮，切块；茄子切块；甜椒切小丁；姜切丝；蒜切片。

（2）锅内加食用油，加入姜丝、蒜片，大火爆香。

（3）加入土豆，翻炒均匀后，加生抽、醋、鸡精后再翻炒均匀，加水约200毫升。

（4）大火煮沸转中小火。

（5）收汁至一半时，加入茄子，翻炒至茄子软烂，加入甜椒丁，加盐适量，翻炒均匀即可出锅。

小贴士：喜欢微辣口味可以在第二步爆香时加入适量辣酱或辣椒均可。

干锅土豆片

食材：土豆2个，葱，蒜，盐，油，花椒，芝麻，豆瓣酱，辣椒。

做法：

（1）将土豆去皮，洗净，切成均匀的薄片，放在水里浸泡。

（2）将蒜切片，葱切成葱花。

（3）平底锅中加入油适量，将沥干水分的土豆片平铺在锅里炸成两面金黄色，盛出。

（4）转中火，锅中放入花椒爆香，然后加入蒜片及豆瓣酱、辣椒，加入盐，炒匀。

（5）加入土豆片翻炒均匀，装盘，在土豆片上撒上葱花。

小贴士：

（1）干锅土豆片是川渝地区的传统名菜，口味香辣。炒制过程中可以依据个人喜好加入五花肉、甜椒、洋葱等食材。

（2）把土豆片浸泡后可以去掉多余的淀粉，是炒脆土豆的秘诀，若喜好粉糯口感就不要浸泡。

马铃薯中式营养食谱

土豆蒸腊肠

食材：土豆 2 个，腊肠 100 克，香葱，蒜，辣椒。

做法：

（1）将土豆去皮切片。

（2）将腊肠切片。

（3）将蒜、辣椒、香葱切末。

（4）按顺序将一片土豆一片腊肠码上盘，然后撒上蒜末、辣椒末。

（5）上锅蒸 15 分钟，关火后焖 2 分钟。

（6）出锅撒香葱即可。

小贴士：

（1）土豆蒸腊肠这道菜可口且不油腻，营养美味，但土豆切片不宜太厚，否则不易入味。

（2）土豆直径不宜选取太大，否则不利于装盘。

（3）喜好口感浓郁的可用 1 勺生抽、少许盐、1 勺醋、几滴香油、鸡精、少许清水调汁，出锅后浇汁即可。

马铃薯营养食谱

NO. 07

土豆焖饭

食材：大米适量，土豆1个，萝卜1根，五花肉，生抽，料酒，姜，小葱1根，植物油1/2汤匙，水适量。

做法：

（1）将大米淘洗干净，放入电饭煲，加水。

（2）将土豆、萝卜去皮，切丁。五花肉切片，姜切片，葱切段。

（3）另取一锅，锅中放半汤匙油烧热后，中火爆香姜片和葱段，出香味后捞出姜片和葱段弃掉。

（4）锅中加入五花肉丁，慢慢煸炒到变色、出油，滴几滴料酒炒匀，盛出加入电饭锅中。

（5）用锅中余油慢慢煸炒土豆丁、萝卜丁，至边缘稍有焦色。

（6）把土豆丁和萝卜丁加入电饭锅中，加两汤匙生抽拌匀。按标准煮饭程序，煮好后再焖10分钟。打开锅盖，用筷子打散米饭即可食用。

小贴士：

（1）五花肉也可以根据个人口味换成腊肉。

（2）若想加入一些蔬菜，可以选择和米饭煮制时间相当的山药、红薯、芋头等。

马铃薯中式营养食谱

豆角土豆炖排骨

食材：新鲜土豆 2 个，豆角 150 克，排骨 350 克，蒜瓣，生姜，花生油，老抽，生抽，料酒，盐适量。

做法：

（1）将排骨洗净，浸泡 10 分钟，去除血水，焯水，沥干水分。

（2）将豆角洗净，摘去两头，掰成 3 厘米左右小段。

（3）将土豆去皮，切条，过水，去除多余淀粉，沥干水分。

（4）将蒜瓣切片，姜切丝。

（5）热锅凉油，将土豆条煎至八成熟，盛出，备用。

（6）在锅内留底油，放入豆角小火煸炒至豆角皮起皱，盛出备用。

（7）在锅内再加入少许花生油，放入排骨，煸炒至排骨略有焦黄，加入约 15 毫升料酒，放入姜蒜，煸炒出香味。加适量老抽和生抽，翻炒均匀。加入温开水没过排骨，大火烧开，小火炖煮 30 分钟。

（8）打开锅盖，用大火收汁，至汤汁浓稠，加入豆角和土豆，翻炒均匀，放适量盐。汤汁快收干时关火，装盘即可。

小贴士：

（1）把土豆切条后要放入清水中，否则会褐变。

（2）豆角可以换成其他自己喜欢的菜，如海带等，也一样美味哦。

马铃薯营养食谱

NO.09 宫保土豆

食材：土豆 1 个，黄瓜 1 根，猪肉 50 克，青椒 1 个，花生米 50 克，植物油，花椒，干辣椒，葱，姜，蒜瓣，老抽，生抽，香醋，白糖，料酒。

做法：

（1）将土豆去皮，洗净，切丁。

（2）将猪肉切丁，加入生抽 10 毫升、料酒 10 毫升、白糖 5 克、淀粉适量，拌均匀备用。

（3）将葱、姜、蒜切碎，干辣椒切碎，黄瓜切丁。

（4）在锅中加水，沸腾后加入土豆丁，煮 5 分钟，捞出。

（5）炒锅中倒入少许植物油，小火炒熟花生，盛出沥油备用。

（6）炒锅中倒油后放入花椒炸香捞出，再爆香葱、姜、蒜和辣椒。

（7）取一个小碗加入少许老抽及生抽 10 毫升、香醋 20 毫升、白糖 5 克、料酒 20 毫升，再加入少量水，搅拌均匀，备用。

（8）在锅中加入肉丁翻炒至变色盛出。加入土豆丁翻炒，并加入调好的料汁，大火煮 3 分钟入味，再加入黄瓜丁和青椒丁翻炒均匀，然后倒入肉丁继续翻炒，最后加入花生翻炒均匀即可出锅。

小贴士：

（1）青椒也可以用甜椒替代，颜色更具吸引力。

（2）不加辣椒，也不影响口味，更适合小朋友食用。

马铃薯中式营养食谱

土豆烧牛肉

食材：牛腩500克，土豆500克，圣女果200克，西红柿1个，八角1个，山楂4片，生姜，小葱，洋葱，红枣，冰糖，酱油。

做法：

（1）将牛肉用清水浸泡，约30分钟后倒出血水。

（2）将牛肉切成大块；把西红柿洗净，切块；将圣女果洗净；将土豆去皮切滚刀大块，浸泡在水中备用。

（3）备好八角1个、山楂4片、生姜15克、小葱15克、洋葱50克、红枣5粒和冰糖8克。

（4）取一炒锅，不加油，放入牛肉，用中小火将牛肉炒出水分，炒出的水用厨房用纸吸去。

（5）将备好的调料除西红柿和小葱外都放入锅中，继续保持中小火翻炒。

（6）当冰糖被炒融化后加酱油炒均。

（7）放入西红柿和小葱，炒出香味。

（8）加入热水，与肉平齐，加适量盐，中小火慢炖1小时。

（9）加入土豆继续炖煮至土豆酥烂，然后加入圣女果。

（10）待圣女果煮软后即可出锅。

小贴士：

（1）牛肉用水浸泡时间不宜太长，否则容易造成营养流失。牛肉不用焯水，但要炒出水分。

（2）八角、山楂、生姜、小葱、洋葱、红枣、西红柿和冰糖都有去腥提鲜的作用。在烧牛肉时加西红柿有提鲜作用，山楂能让牛肉易煮烂。

（3）爱吃辣椒的还可以放辣椒。

（4）土豆炖到差不多酥烂时加入圣女果，过早加入就没有形了，过晚加入则圣女果还是硬的。

马铃薯中式营养食谱

马铃薯百变主食

土豆火腿早餐饼

食材：土豆1个，香肠1根，胡萝卜半根，小香芹少许，面粉，盐。

做法：

（1）将土豆洗净切片，放锅里面蒸熟后压成土豆泥。

（2）将胡萝卜、香芹和香肠切小粒。

（3）把胡萝卜、香芹和香肠粒放入土豆泥搅拌均匀。

（4）加入适量面粉和盐，和成比较软的土豆面团。

（5）把土豆面团擀成0.5厘米左右厚度的饼，用饼干模具在饼上按压出自己喜欢的形状。

（6）锅中刷少许的油，锅热后放入土豆饼，小火慢煎至两面金黄即可出锅。

小贴士：

（1）香肠也可以用熟瘦肉丁替代，更加健康。

（2）胡萝卜营养丰富，β－胡萝卜素含水量高，可补肝明目，对夜盲症有一定功效，老少皆宜。在烹饪时注意胡萝卜丁不宜太大。

（3）马铃薯火腿饼是一款孩子们百吃不厌的营养早餐。

马铃薯中式营养食谱

笑脸薯饼

食材：马铃薯淀粉 100 克，奶粉 16 克，玉米淀粉 10 克，面粉适量，糖 20 克。

做法：

（1）将准备好的马铃薯淀粉、奶粉、玉米淀粉、面粉、糖混合均匀。

（2）加入 200 毫升热水，搅拌均匀，混合面团能捏成球状且不粘手即可，揉成团状。

（3）将土豆面团擀成片状，用圆形的模具压出一个个小薯饼。

（4）用筷子在薯饼上戳出两只眼睛，再用勺子戳出嘴巴形状。

（5）将薯饼正反两面均匀地拍上薄薄的一层面粉。

（6）把油锅烧热后，用中小火将薯饼炸至表面微黄、外壳稍硬即可。

小贴士：

（1）不同马铃薯淀粉的吸水量不同，可根据实际情况调整加水量。

（2）笑脸薯饼佐以蓝莓酱、番茄酱等口感更佳。

（3）马铃薯淀粉可以用土豆泥替代。

黄金土豆球

食材：土豆2个，奶粉20克，糯米粉20克，盐，胡椒粉，芝士片，面包糠，植物油。

做法：

（1）把土豆洗净，去皮，切片，加水煮熟后用勺压成泥状，加入奶粉、糯米粉、盐和胡椒粉，揉成不粘手的面团。

（2）将土豆面团分成剂子，每个剂子包入芝士片，搓圆后均匀滚上面包糠。

（3）将油锅烧至五成左右热，放入土豆球，小火炸至表面金黄、外壳稍硬即可。捞出后用厨房用纸吸去余油。

小贴士：

（1）土豆球油炸时火不要太大，否则容易发生"外糊里生"的现象。

（2）趁热食用效果更佳，可以配番茄酱，口感更好。

马铃薯中式营养食谱

33

洋葱火腿土豆蛋糕

M.A
LTNG
SHU
YTNG
YANG
SHI
PU

食材：土豆 1 个，低筋面粉 100 克，芝士粉 5 克，盐 2 克，泡打粉 3 克，鸡蛋 2 个，牛奶 60 ~ 80 毫升，洋葱 1 片，火腿半片，黑胡椒适量。

做法：

（1）将土豆去皮，洗净，切片，上锅蒸熟后压成泥备用。

（2）将火腿、洋葱切小丁。

（3）将洋葱丁、火腿丁放入锅里，加适量的黑胡椒炒香，盛出备用。

（4）把鸡蛋打散，加入牛奶打均匀。

（5）加入炒好的洋葱和火腿丁，搅匀后，加入面粉、芝士粉、盐、泡打粉，再搅拌均匀。

（6）加入土豆泥，用打蛋器搅匀至无颗粒状。

（7）倒入模具，模具底部微微加热逼出里面的气泡，抹平表面。

（8）烤箱预热 180℃后，烤 35 ~ 40 分钟。

（9）冷却脱模，切片食用。

小贴士：

（1）除洋葱和火腿外，葡萄干、蓝莓干或其他水果干均可作为馅料添加。

（2）混合面团的时候加一勺蛋黄酱或植物油，口感更好，但为了控制油脂摄入，不加亦可。

（3）牛奶的量可以自行调整，根据面团的黏稠度和鸡蛋的大小适量增减。

（4）不同功率烤箱烤制时间略有差异，烤制时当面饼表面微微上色，出现一条大裂纹时基本就可以了。

蛋奶小馒头

食材：土豆全粉 150 克，低筋面粉 30 克，奶粉 25 克，糖粉 30 克，鸡蛋 1 个，无盐黄油 30 克，泡打粉 2 克。

做法：

（1）将鸡蛋打散，倒入糖粉，用手动打蛋器搅拌均匀。

（2）把无盐黄油隔水融化，加入搅拌好的蛋液中，搅拌均匀。

（3）将土豆全粉、低筋面粉、无糖奶粉、泡打粉一同过筛，过筛后加入鸡蛋液中。先用刮刀搅拌按压，再用手揉成面团。

（4）取一小块面团，搓成长条，切成小剂子。将小剂子搓成小球（小球如围棋子大小即可，大了烤时容易开裂），放入不粘烤盘内。

（5）烤箱预热至 145℃，将烤盘放入烤箱中层。烤箱设置为145℃，上下加热，烘焙 20 分钟。表面略微上色后，蛋奶小馒头就烘焙好了。

小贴士：

（1）为保证蛋奶小馒头酥脆的口感，土豆全粉不能换成其他品类的淀粉。

（2）蛋奶小馒头个头尽量小一些，越大越容易开裂。

（3）蛋奶小馒头烤制好，晾凉后，密封保存，以保持小馒头的酥脆感。

NO. 06

土豆丝饼

食材：土豆2个，香葱2根，盐，植物油。

做法：

（1）将土豆用工具擦成丝，把香葱切碎。

（2）在擦好的土豆丝里加适量盐和切碎的香葱，拌匀，静置3分钟。

（3）在平底锅内加适量植物油，放入土豆丝摊平，薄厚适中就可以，中火煎至两面金黄熟透即可。

小贴士：

（1）土豆丝要用工具擦细丝，丝太粗影响成型。

（2）煎的时候要用不粘锅，可以减少油的用量。

（3）加入萝卜丝、洋葱丝均可。

马铃薯中式营养食谱

五彩土豆糕

食材：土豆1个，萝卜半根，面粉50克，少许青菜叶，鸡蛋1个。

做法：

（1）将土豆去皮，洗净，切片，蒸熟。

（2）把土豆放在较大的碗中压成泥。

（3）将青菜叶放入沸水中焯30秒，取出切碎。

（4）把萝卜切成细碎的小丁。

（5）将面粉、鸡蛋、萝卜丁、青菜碎和土豆泥拌匀。

（6）取一长方形模具，四周涂抹一层植物油，倒入拌好的土豆糊，把表面弄平整。

（7）上锅大火蒸15分钟。

（8）出锅，脱模，切块。

小贴士：

（1）这是一款快手婴儿辅食，制作简单且营养丰富。较大幼儿食用时可以适量加一点糖。五彩土豆糕松软有弹性，食用后还有强健脾胃的功效。

（2）若非婴幼儿食用，可以根据自己的喜好加盐或糖。

马铃薯自制美味小吃

马铃薯咸酥脆饼

M.L
LIJG
SHU
UIJG
YAJG
SHI
DU

食材：马铃薯200克，色拉油30克，马铃薯淀粉60克，黑胡椒粉，盐。

做法：

（1）将马铃薯削皮，洗净，切成小块或片。

（2）上蒸锅蒸10分钟，马铃薯熟后，压成泥状。

（3）在土豆泥中加入马铃薯淀粉和所有调味料，拌匀，揉成均匀的马铃薯面团。

（4）将面团做成薄饼，用模具做出自己喜欢的形状。在烤盘上放锡纸，锡纸上刷油后将薄饼放上去。

（5）把烤盘放入烤箱中，调至170℃，烘烤15～18分钟，然后转150℃，烘烤5分钟。烤制结束后用余温继续烤制，直至冷却。

小贴士：

（1）做好的马铃薯脆饼一次食用不完，可以装入密封罐中保持脆饼的干燥。

（2）烤制时间肉若没有烤脆，可以适当延长烘焙时间。

马铃薯营养食谱

NO. 02 黑椒薯片

食材：马铃薯 1 个，盐，黑胡椒，食用油，白醋。

做法：

（1）将马铃薯洗净去皮，均匀地切成薄片。

（2）放入水中淘洗，再换一次水。

（3）加适量的白醋浸泡 30 分钟左右。

（4）把泡好的薯片捞出，用厨房纸吸干水分。

（5）依据薯片的量在锅内加入适量的植物油，油烧至四成热时，将薯片入锅。

（6）把薯片炸至接近金黄色时，稍微升高油温，薯片金黄时出锅。

（7）将炸好的薯片撒适量盐和黑胡椒即可。

小贴士：

（1）加白醋浸泡后炸出的薯片会更脆些。

（2）刚开始小火慢慢炸，薯片更酥脆。出锅时不要降低油温，成品薯片吸油相对较少。

马铃薯中式营养食谱

马铃薯冰淇淋

食材：马铃薯 300 克，牛奶 100 毫升，糖 2 勺，少量盐。

做法：

（1）将马铃薯去皮切片，上锅蒸熟。

（2）在料理机中将马铃薯、牛奶、糖、盐搅拌均匀。

（3）用雪糕挖勺装盘。

（4）冷冻食用或冷藏食用。

小贴士：

（1）马铃薯保持干爽时挖球比较好看。

（2）牛奶不宜太多，以免土豆泥太稀不宜成型。

（3）糖和盐的用量可以根据自己的口味任意调整。

（4）此冰淇淋也可以不冷藏或冷冻，直接食用。

（5）这款冰淇淋少了大量的糖与奶油，热量少了很多，经过冷藏或冷冻后，冰冰凉凉，非常适合喜欢甜食又担心长胖的人食用。

（6）不担心长胖的伙伴，也可以减少牛奶的用量，加入对应体积的淡奶油，口感更好。

NO. 04 蓝莓土豆糕

食材：土豆 1 个，山药半根，白糖，蓝莓酱。

做法：

（1）将土豆洗净削皮，切块。把山药削皮洗净切段。将土豆和山药上蒸锅蒸熟。

（2）再把土豆和山药加白糖压成泥，用磨具装成形。

（3）装盘，淋上蓝莓酱即可。

小贴士：

（1）山药营养丰富，有滋阴补阳、补肺益气、增强新陈代谢的功效。山药还可以改善人体消化功能，增强体质，改善皮肤的滋润感和色泽。

（2）山药去皮后粘液较多，清洗时最好戴手套，否则手容易发痒。

咸香土豆曲奇

食材：土豆 200 克，奶油 150 克，低筋面粉 100 克，盐适量。

做法：

（1）将土豆去皮，切片，煮熟，压成泥状。

（2）将土豆泥、奶油搅拌均匀。

（3）加入适量盐和面粉用手揉匀。

（4）将混合好的土豆泥装入裱花袋，装好花型裱花嘴，在垫有油纸的烤盘上将土豆泥裱成玫瑰花型。

（5）把烤箱预热至180℃，将烤盘放入第一层，烤18～20分钟，表层上色即可出炉。

小贴士：

（1）面粉一定要选择低筋面粉，否则会影响曲奇的酥脆口感。

（2）喜欢咸味就加盐，喜欢甜味的用糖替代盐即可。

（3）可以根据喜好加入蓝莓干或巧克力丁做成风味曲奇。

马铃薯营养食谱

NO·06

狼牙土豆
——四川街头巷里的经典小吃

食材：土豆2～3个，小米辣3个，小葱3根，花椒面，海椒面，醋，植物油，香油，生抽，芝麻，孜然粉。

做法：

（1）将土豆去皮，洗净，用狼牙土豆专用刀切成粗细均匀的土豆条，泡水里去掉多余淀粉，备用。

（2）在热锅中下油，等油温升到手放在油锅上面有明显热气即可。

（3）将泡好的土豆条用厨房纸吸去多余水分，倒入油锅里面炸，炸30秒左右翻一下，炸5分钟左右，炸至土豆条表面金黄时捞出。

（4）土豆条出锅后加入盐、花椒面、海椒面、生抽、醋、葱花、小米辣、香油、麻油、孜然粉，混合均匀。

小贴士：

（1）喜欢辣口感，辣椒选用小米辣较好，若不喜欢吃辣椒，也可以加红甜椒粒调色。

（2）炸土豆条时油温不宜太高，容易炸焦。

（3）出锅前油温稍高一点，可以减少土豆的含油量。

马铃薯中式营养食谱

炕土豆

——湖北小吃

食材：小土豆若干，盐，蒜，孜然，黑胡椒粉，葱。

做法：

（1）将土豆洗净，煮熟备用，或者是在不沾锅里加少量油，把土豆直接放入锅里，温火炕土豆，一直到土豆熟了。

（2）把葱切成葱花，蒜切末。

（3）将盐、蒜末、孜然、黑胡椒粉、葱花加入炕好的土豆中，炒匀后装盘即可。

小贴士：

（1）"炕"是湖北宜昌地区、恩施地区的方言，是煎炒焖炸之外的一种做菜方式。

（2）在湖北西部高山上出产的土豆味道非常受食客的喜爱，宜昌地区流行的"炕洋芋"就是炕土豆。炕熟后的土豆，入口不油且有烤熟的香甜感。

NO. 08 家庭自制薯条

食材：土豆2个，番茄酱，植物油适量。

做法：

（1）将土豆去皮，洗净，切条。

（2）在清水中浸泡，去除表面淀粉。

（3）在锅内加入水，沸腾后将薯条煮3分钟，捞出沥干水分，晾凉。

（4）根据薯条的量在锅内加入植物油，油烧至六成热时将薯条下锅，炸至金黄色时捞出。

小贴士：

（1）土豆条不宜太细，否则容易断裂。

（2）切条后一定及时入水浸泡，一方面能去除多余淀粉，另一方面可防止褐变。

马铃薯中式营养食谱

马铃薯靓汤

土豆番茄浓汤

食材：土豆 1 个，番茄 1 个，盐。

做法：

（1）将土豆切成 0.5 厘米左右厚度的片或切块。

（2）在锅中加油，烧热，加入切好的土豆翻炒出香味，盛出。

（3）在锅中加油，烧热，番茄下锅翻炒出番茄汁，盛在碗里。

（4）把土豆和番茄汁倒进汤锅，加适量的清水、盐。

（5）煮至土豆熟了即可出锅。

小贴士：

（1）土豆可以随意切形状，薄片可以节省煮制时间。

（2）可以适当加入番茄酱，口感更浓。

马铃薯中式营养食谱

西红柿土豆笋汤

食材：土豆 1 个，西红柿 1 个，笋 2 根，植物油，生抽，十三香，盐，大葱，香菜。

做法：

（1）将土豆去皮、洗净、切片；西红柿洗净切块；新鲜的笋洗净，切斜片；大葱切段，香菜洗净切碎。

（2）在锅里加入植物油，加入葱段爆香，捞出葱段，弃去。

（3）加入土豆片，小火煎制至表面微焦。

（4）放入西红柿与笋片，加少许生抽、十三香、盐，翻炒均匀，加入适量水。

（5）大火煮沸，转小火煮约 10 分钟，盛出。

小贴士：

（1）这款汤既有土豆煎制后的焦香，又有西红柿的酸甜，是一道开胃汤品。

（2）没有鲜笋时也可以用袋装笋替代。

（3）将西红柿去皮，使汤品外观更好看。

（4）香菜作为装饰，加不加亦可。

马铃薯营养食谱

NO. 05 火腿土豆汤

食材：土豆，洋葱，火腿肠，淀粉，盐，鸡精。

做法：

（1）将土豆去皮，洗净，切片，蒸熟，压成土豆泥。

（2）将洋葱切碎，火腿肠切丁。

（3）在炒锅中放油，油热后将切碎的洋葱放入炒熟，再放入火腿丁略炒后加入开水，将土豆泥放入，搅拌均匀。

（4）把淀粉加水调匀，锅中水开后将调好的水淀粉倒入，搅拌沸腾后加入盐、鸡精适量即可。

小贴士：

（1）可以适量加入冬瓜，营养更丰富。

（2）喜欢西式口感时可以加入少量黄油。

（3）用鸡汤、牛肉汤、排骨汤替代水，味道更浓郁。

马铃薯中式营养食谱

开胃土豆萝卜汤

食材：土豆100克，胡萝卜50克，西兰花20克，牛奶100毫升，蛤蜊10个（净肉30克）。

做法：

（1）将土豆、胡萝卜切块。

（2）在锅中加水，水开后，放入西兰花，焯水2分钟。

（3）将焯水的西兰花去梗，切碎。

（4）将蛤蜊和姜片放入冷水锅中，焯水5分钟。焯水后，将蛤蜊取肉，去掉砂囊，剁碎。

（5）在煎炒锅内刷少许油，开中火，放入胡萝卜块和土豆块，翻炒1分钟。

（6）倒入350毫升清水，盖上盖子，中火煮15分钟后，加入处理好的蛤蜊肉，搅拌均匀，中火再煮15分钟。

（7）倒入西兰花碎和牛奶，搅拌均匀，再煮5分钟即可。

马铃薯营养食谱

小贴士：

（1）蛤蜊要提前浸泡好，确保吐沙完毕，一般加盐浸泡2～3个小时就可以吐沙干净了。加几滴油也可以促进吐沙。

（2）可以根据适用对象调整添加原料以及切块的大小，若作为宝宝的辅食，土豆和胡萝卜的大小由宝宝的咀嚼能力来确定。

（3）成人食用时按口味加入盐、胡椒等调味均可。出锅前还可以加香葱和香菜叶作为装饰。

（4）加水时也可以加入适量的米，做成一道营养米粥。

（5）蛤蜊肉也可用鸡胸肉、牛肉替代。

马铃薯
非中式营养食谱

MALINGSHUYINGYANGSHIPU

马铃薯主食

NO. 01 西班牙土豆煎蛋饼

食材：土豆 1 个，鸡蛋 3 颗，洋葱半个，黑胡椒粉，盐。

平底锅版做法：

（1）将土豆去皮，洗净，切成薄片，用清水冲去土豆片表面的淀粉，待用。

（2）将洋葱切丝，鸡蛋打散加盐。

（3）在平底锅内加少许油，烧热，放土豆片入锅，慢慢煎至边缘微微焦黄。

（4）加入洋葱丝，煸炒至出香味，撒入黑胡椒粉（量稍多一点）和盐。

（5）把打散的鸡蛋液倒入锅中，不要搅动，中小火煎 2～3 分钟。

（6）待锅中蛋饼底部凝固定型后，小心把饼翻过来，中小火煎制另一面，2 分钟左右，至蛋饼另一面也凝固。

（7）出锅后切成小块，淋上番茄酱即可。

马铃薯非中式营养食谱

烤箱版做法：

（1）将烤箱预热至215℃。

（2）在一个10英寸（或稍大一点）烤盘中加一点橄榄油，加入处理好的马铃薯、洋葱丝，用中火烤10分钟，直到土豆稍微变软。

（3）打开烤箱，把盐、黑胡椒粉和鸡蛋搅匀后加入烤盘中，再烤约20分钟，直到鸡蛋混合物凝固。

小贴士：

（1）土豆切片后要在清水中浸泡，防止变色。

（2）土豆切好要冲洗掉表面的淀粉，否则易粘锅。

（3）煎的时候要用锅铲拨土豆，防止粘锅。

（4）蛋饼翻面时，可以借助一个大盘子，这样蛋饼不易破碎。

（5）土豆、洋葱、鸡蛋是做西班牙蛋饼的必需品，在制作过程中也有加红甜椒和菠菜碎的。

（6）西班牙土豆饼一般用牛油果、酸奶油或希腊酸奶和新鲜的香菜叶作为装饰。

NO. 02 意大利式土豆甘蓝蛋饼

食材：1个中等大小的白土豆，1汤匙橄榄油，盐，胡椒粉，半头蒜，一小束羽衣甘蓝（约1杯），1/2茶匙芥末，5个大鸡蛋，1/4杯羊奶干酪。

注：西餐中通常用一杯、一汤匙、一茶匙等来计量原料的量的多少，具体换算关系见本书的"附录"部分。

做法：

（1）将土豆切丁，蒜切碎，一小束羽衣甘蓝切碎。

（2）把5个大鸡蛋打散搅匀，加入1/4杯切碎的羊奶干酪，搅匀。

（3）把烤箱预热至205℃。

（4）取一个不粘锅，加半汤匙橄榄油，中火加热，加土豆丁，加入少许盐和胡椒粉调味，炒至金黄。取出土豆，待用。

（5）向锅中加入剩下的半汤匙橄榄油，再加入大蒜和羽衣甘蓝，用一小撮盐和胡椒调味，炒至羽衣甘蓝变软。

（6）加入土豆和芥末，搅拌均匀。

（7）在直径约12厘米的烤盘四周涂抹植物油，把平底锅内的土豆、

马铃薯非中式营养食谱

羽衣甘蓝混合物加入到烤盘中，加入搅好的鸡蛋和奶酪，烤20分钟。

（8）用刀在烤盘边缘划一圈，轻轻地把蛋饼滑到切肉板或盘子上。4人份的意大利式土豆甘蓝蛋饼就做好了。

小贴士：

（1）西餐喜欢用土豆搭配鸡蛋来制作蛋饼，不同菜系的原料不同，风味也不同。

（2）这款意式土豆蛋饼可以再配上意大利佩科里诺羊奶酪食用。佩科里诺奶酪是用绵羊奶制成的奶酪，原产于意大利南部，由很多相似的奶酪品种组成，每种奶酪都有自己的风格。不同的发酵时间，风味也各有不同。

（3）蛋饼熟透与否，可以用一根牙签插入蛋饼，无蛋液粘着即可。

（4）羽衣甘蓝也可用菠菜替代。

（5）该款土豆蛋饼每份热量只有190卡，而且可以为我们提供所需的维生素C，所以深受家庭喜爱。在美国，土豆蛋饼一般作为周末早餐或早午餐食用。

MA
LING
SHU
FEI
ZHONG
SHI
YING
YANG
SHI
PU

NO. 03 法式马铃薯千层派

食材：土豆400克，淡奶油250毫升，蒜，黑胡椒，食盐，奶酪丝。

做法：

（1）将土豆去皮洗净，切薄片，厚度没有特别讲究，但是切片越薄越容易入味。

（2）在烤箱托盘上把马铃薯片一层一层铺上去，每铺一层洒上一点点盐和黑胡椒，盐的量要少一点，以防过咸。铺到中间的时候撒上一层奶酪丝，再铺上马铃薯，撒上盐和胡椒，淋入鲜奶油和切碎的蒜末。鲜奶油的量基本覆盖马铃薯即可。

（3）将烤箱预热至180℃后把托盘放入烤箱，烤40分钟左右即可。

小贴士：

（1）用叉子或汤匙在表面压一压，若感觉马铃薯片之间好像还有点缝隙，但没有液体流动的现象，就可以把托盘从烤箱里取出来了。

（2）法式马铃薯千层派的香气主要来源于奶酪，烤制好后，千层派浓郁的奶香与土豆的香味相互交融，别有风味。

美式牧羊人馅饼

食材：土豆 2 个，白洋葱半颗，2 汤匙橄榄油，1/4 茶匙盐，1/4 茶匙胡椒粉，1 汤匙新鲜百里香，1/2 汤匙新鲜的迷迭香，冷冻豌豆、玉米和胡萝卜混合装 1 杯，1/2 杯牛肉汤，3 汤匙面粉，1 杯鸡胸肉（或精选牛肉），4 个 12 英寸的馅饼皮，1 汤匙黄油。

做法：

（1）将土豆去皮、洗净后切成小丁，白洋葱切小丁，新鲜的百里香和迷迭香切碎，鸡胸肉煮熟切碎，黄油融化。

（2）把烤箱预热至 230℃，在烤盘上铺上烤盘纸。

（3）在平底锅里用中火加热橄榄油，加入洋葱丁、土豆丁、盐、胡椒、百里香和迷迭香，翻炒 5 分钟，炒至洋葱变成半透明、土豆变软。

（4）加入冷冻豌豆、玉米和胡萝卜。

（5）加入牛肉汤，用文火煮。

（6）加入面粉，搅拌均匀。混合物变稠时添加鸡胸肉，煮5分钟，熄火。

（7）把12英寸的馅饼皮用模具做出5英寸（约12厘米）直径的圆形饼皮，将土豆混合馅料包在馅饼皮的中心，馅料不要装得太满，包成半圆形后，用手指将边缘压紧，用叉子压边缘，做出花纹装饰。

（8）在每个馅饼上刷上已融化的黄油。

（9）将每个馅饼均匀地铺在烤盘上，烘烤10分钟，直到饼皮变成金黄色。

小贴士：

（1）独特、美味、简单的牧羊人馅饼可以作为主食食用。

（2）美国很多馅饼皮和我国的馅饼皮有较大的区别，美国一般采用酥油面皮制作馅饼。在超市，一般可以购买到不同尺寸的方形饼皮，家庭制作时再用模具做成大小不等的圆形饼皮，用于馅饼的制作。

（3）馅饼皮（酥油面皮）的做法与蛋挞皮做法较相似，不喜欢酥的口感可以少加黄油。

（4）馅饼皮也可以直接用蛋挞皮替代。

（5）若按照自己的喜好调整，面皮用中式饼皮也一样好吃。

马铃薯非中式营养食谱

墨西哥风味
马铃薯面条

M.A
LING
SHU
YING
YANG
SHI
PU

食材：2 ~ 3 个中等大小的白皮土豆，2 ~ 3 汤匙鳄梨油，1/2 茶匙海盐，1/2 茶匙黑胡椒，1 茶匙辣椒粉，少许红辣椒片，5 个鸡蛋，1/4 茶匙海盐，1/4 茶匙黑胡椒粉，1 杯熟黑豆，1 个西红柿，1 个鳄梨，1 汤匙香菜碎。

做法：

（1）将土豆洗净去皮，用刨丝机把土豆加工成螺旋形细面条状。将西红柿切碎，鳄梨切薄片。

（2）在一个平底锅里加入鳄梨油，用大火加热，锅热了之后加入土豆条，在土豆条上撒 1 茶匙海盐、1 茶匙黑胡椒、1 茶匙辣椒粉及红辣椒片，搅拌约 10 ~ 15 分钟，直到土豆软化。

（3）把土豆条均匀地分成几碗，备用。

（4）在一个小碗里把鸡蛋搅匀，加 1 茶匙海盐、1 茶匙黑胡椒粉后搅匀，备用。

（5）在平底锅中加少许油，中火，加入鸡蛋液，搅拌至完全炒熟。

（6）把鸡蛋和土豆分装在碗里，上面放黑豆、西红柿、鳄梨和香菜即可。

小贴士：

（1）这个简单的墨西哥风格的早餐在不到 30 分钟就可以做好。

（2）这道菜系营养丰富，碳水化合物、蛋白质、维生素搭配都很完美。

（3）大家也可以根据自己的喜好加入其他的蔬菜丝。

（4）用刨丝机把土豆做成长长的丝状，非常像面条，对儿童吸引力较大。

马铃薯非中式营养食谱

美式香蒜沙司马铃薯面条

食材：1个白皮土豆，1杯樱桃番茄，1/2汤匙橄榄油，1/4茶匙海盐，2汤匙橄榄油，1茶匙海盐，1茶匙黑胡椒，1/4杯香蒜沙司，1杯罐装全脂椰奶，1/2汤匙白葡萄酒醋，1杯菠菜。

做法：

（1）将烤箱预热至205℃，在烤盘上铺上烤盘纸，将番茄铺在烤盘上，淋上1/2汤匙橄榄油、1/4茶匙海盐，烤15～20分钟，中途翻一次。

（2）将土豆去皮，洗净，用刨丝机将土豆刨成螺旋状土豆面条。

（3）取一个平底锅，加2汤匙橄榄油，中火把油加热，加入土豆面条、1茶匙海盐、1茶匙黑胡椒，搅拌均匀，不停地翻炒10～12分钟，直到土豆变软，放入碗中备用。

（4）不用额外加油，在锅中加入1/4杯香蒜沙司，用小火炒2～3分钟。加1杯罐装全脂椰奶、1/2汤匙白葡萄酒醋，小火煮8～10分钟，偶尔搅拌一下。

（5）加入菠菜、烤好的番茄和马铃薯面条，然后搅拌均匀，2人份的美式香蒜沙司马铃薯面条就做好了。

小贴士：

（1）奶油香蒜沙司马铃薯面条是一道不到30分钟就能做好的美味晚餐。

（2）与传统的精制谷物意大利面不同，土豆丰富的维生素C和钾，赋予不同于意大利面的营养。螺旋形的土豆面拌入奶油香蒜沙司和烤番茄，非常美味。

（3）用不粘锅替代普通平底锅，可以减少油的用量，使晚餐的热量变低。

马铃薯非中式营养食谱

爱尔兰土豆面条

Mei
Ling
Shu
Ying
Yang
Shi
Pu

面汤食材：黄土豆450克，腌牛肉150克，2/3汤匙橄榄油，1/6茶匙粗盐，1/12茶匙新鲜的黑胡椒，2杯蔬菜汤，1瓣大蒜，1/2个中等大小的洋葱，少许甜胡椒浆果，1/2个小八角，1个丁香，1/12杯马铃薯雪花全粉，香葱1根，莳萝少许。

奶油包心菜食材：2/3汤匙黄油，1杯包心菜，1汤匙胡萝卜，1茶匙苹果醋，1/2汤匙白砂糖，1/6杯水，1/2茶匙芥末籽，1/6茶匙粗盐，1/6茶匙黑胡椒，1汤匙欧芹。

做法：

（1）先把土豆洗净，用刨丝机削皮，将土豆做成面条状，浸泡在冷水中，去除多余的淀粉，备用；土豆皮备用；香葱斜切成段，备用。

（2）在土豆皮中放入2/3汤匙橄榄油，加入粗盐和黑胡椒调味。

（3）将洋葱切成1/4大小，把土豆皮、洋葱放在烤盘上，以190℃的温度烘烤8～10分钟，直到表皮变成金黄色，取出后稍微冷却一下。

（4）将烤好的土豆皮和蔬菜汤、大蒜、洋葱、甜胡椒浆果、八角、丁香放入一个大锅中,用中火加热,炖20～25分钟,把香料和洋葱弃掉。

（5）加入土豆淀粉,搅拌均匀。

（6）把煮好的汤倒入搅拌机里搅成糊状,静置5～10分钟,用细网过滤器过滤糊状物,去掉大的颗粒。

（7）将过滤好的汤放回锅中,保持温度,直到可以食用。

（8）将牛肉煮熟,切片,备用。

（9）另取1个锅,加入适量水,用大火烧开,当水开后,加入少许盐,然后加入土豆面条。将面条煮12～15分钟,直到土豆面条变软。

（10）将面条过滤并放入冷水中,面条变凉后,捞出,沥干水分,备用。

（11）在中锅中用中火加热2/3汤匙黄油,加入卷心菜和胡萝卜,翻炒至变软,加入1茶匙苹果醋、1/2汤匙白砂糖、1/6杯水和1/2茶匙芥末籽,翻炒8～10分钟,不断搅拌,加入盐、胡椒粉和欧芹,熄火。

（12）把保温的汤开小火,将土豆面条浸入汤中大约1分钟,让面条变热。

（13）把面条分在碗里,上面放卷心菜、牛肉片、香葱和切碎的莳萝。

（14）把热汤浇在面条、卷心菜和牛肉上,上桌享用。

小贴士:

（1）圣帕特里克节是爱尔兰的传统节日,是每年的3月17日,民众每年都会庆祝这个节日。在这一天人们身着绿色的服装和帽子,举行各种活动。这款面以爱尔兰经典的腌牛肉和卷心菜为原料,提供了一种节日享受土豆的有趣方式,这款面条在爱尔兰和美国都颇受欢迎。

（2）欧美国家食用土豆时一般不去皮,是因为他们在品种选育时将皮中的龙葵素含量已经降得很低,所以,很多时候会带皮食用（为了安全我们在食用时还是去掉皮为好）。该食谱中,制作面条时的土豆皮经过烤制和其他原料搅拌成糊状过滤后食用,很好地保留了土豆皮中的膳食纤维和皮下的维生素。

（3）食材中也可以用其他肉类（比如火鸡肉）替代牛肉。

马铃薯非中式营养食谱

土豆羽衣甘蓝卷饼

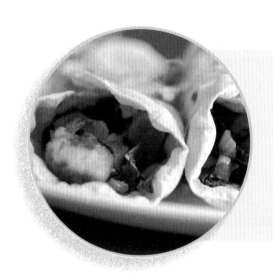

食材：8 张印度烙饼，2 个大土豆或 4 个中土豆，1 束羽衣甘蓝，1 汤匙黄油，1 茶匙孜然籽，1/2 杯洋葱碎末，3 瓣大蒜，1 汤匙切碎的姜，1 茶匙细碎的姜黄粉，1 茶匙香菜粉，1 茶匙辣椒粉，酸奶沙拉，新鲜的香菜叶。

做法：

（1）将土豆切块；羽衣甘蓝去除茎，切碎；大蒜切碎。

（2）将平底锅用中火加热，加入黄油，黄油热了之后，加入孜然籽，嘶嘶作响 5 秒钟后，加入洋葱丁，翻炒加热 2 分钟。

（3）在一个小碗里，混合大蒜碎末、姜末、姜黄、香菜粉、辣椒粉、盐和一汤匙的水，混匀后加入锅中，和洋葱丁一起炒 2 分钟。

（4）加入土豆，加一杯水，盖上锅盖，煮 10 分钟左右，中间搅拌一下，确保不糊锅。

（5）用叉子叉一下土豆，能轻易刺穿时，加入羽衣甘蓝，搅拌，直到羽衣甘蓝变软后关火。

（6）将做好的土豆羽衣甘蓝菜放到煎饼的中心，均匀地涂抹，加上新鲜香菜叶和一大团印度酸奶沙拉即可。

小贴士：

（1）这是一款美式快手菜，羽衣甘蓝有时候不太符合中式口味，可以用菠菜替代。

（2）没有黄油时也可以用植物油替代。

（3）美国超市随处可见印度烙饼，我们可以用中式薄烙饼取代即可。

马铃薯非中式营养食谱

马铃薯经典菜谱

NO. 01 美式烤大蒜欧芹土豆

食材：3个赤褐色土豆，1/2 汤匙橄榄油，1 汤匙盐，1 汤匙大蒜末，1 茶匙欧芹碎。

做法：

（1）将烤箱预热至 200℃。

（2）把土豆洗干净，切块，用叉子在土豆表皮上戳几下。

（3）在土豆上面撒上橄榄油，然后把盐和大蒜末均匀地涂在土豆上，放入烤盘中。

（4）在 200℃的温度下烤土豆 35 ~ 40 分钟，直到叉子能够轻松叉入时即可。

（5）取出后装盘，上面放上新鲜的欧芹和酸奶油即可食用。

小贴士： 美国的土豆按用途分类很细，我们烤制时选择我国的粉质土豆即可。

马铃薯非中式营养食谱

加拿大乳酪薯条

食材：2～3个赤褐色土豆，植物油2汤匙，盐，胡椒粉，洋葱，新鲜马苏里拉奶酪170克。

菜汁食材：2汤匙黄油，3颗香葱，3瓣大蒜，2汤匙面粉，1杯蔬菜汤，1茶匙辣椒粉，1茶匙酱油，盐，胡椒粉，新鲜的鼠尾草。

做法：

（1）将土豆洗净，切成条。

（2）将新鲜的马苏里拉奶酪切丁。

（3）把烤箱温度预热到205℃。

（4）在烤盘上倒一汤匙植物油，涂匀。

（5）把切好的土豆条摊在烤盘上，把剩下的油倒在上面，撒上适量的盐和胡椒粉。

（6）把油、盐和胡椒粉均匀涂在土豆条上。

（7）将土豆条放入烤箱内烤20分钟。

（8）烤制期间准备菜汁。在平底锅里用中火把黄油融化，加入香葱和大蒜炒至半透明状态，切不可炒至棕色。

（9）加入面粉，用勺子快速搅拌。加一点蔬菜汤，如果太稠了，可以继续加蔬菜汤，让混合物煮至浅棕色。

（10）加入剩余蔬菜汤、酱油和辣椒粉。把汁煮沸，然后转小火，煮5分钟左右，偶尔搅拌一下，根据需要加入盐和胡椒粉。

（11）把火调低，让菜汁保持热度，直到薯条从烤箱里拿出来。

（12）将薯条烤20分钟后，取出，装盘。在盘子里放一层薯条，上面放一层奶酪，然后浇上热菜汁；再装第二层薯条，再放一层奶酪，再烧上热菜汁，最后撒上青葱和胡椒粉即可。

（13）将新鲜的鼠尾草切碎，撒鼠尾草。不喜欢吃的不用也可。

小贴士：

（1）乳酪薯条不是每天都吃的食物，但它是加拿大人的最爱。

（2）蒙特利尔式菜汤是用蔬菜汁做的，也可以换成牛肉或火鸡肉汁。

（3）一般乳酪薯条用的是奶酪凝块，但新鲜的马苏里拉奶酪也很常用。

（4）薯条烤制20分钟后，用叉子测试其熟度，如果叉子很容易通过，薯条就做好了。

（5）如果想让薯条更脆一点，把薯条翻过来，再放入烤箱里烤几分钟即可。

（6）新鲜的鼠尾草在我国不常见，不加亦不影响效果。

马铃薯非中式营养食谱

美式烤土豆

食材：4个中等大小的褐色皮土豆，西兰花，低脂切达干酪，脱脂酸奶，香菜叶，辣椒酱，帕尔马干酪，山葵酱，培根，烤蔬菜，黄油酱，海盐。

烤箱版做法：

（1）将土豆洗净。

（2）用叉子在土豆皮上戳几下，放入预热205℃的烤箱烤40～50分钟。

（3）美国家庭一般选择西兰花、低脂切达干酪、脱脂酸奶、香菜叶、辣椒酱、帕尔马干酪、山葵酱、培根、烤蔬菜、黄油酱和海盐来搭配土豆食用。

微波炉版做法：如果想快点完成食物制作过程，可以选用微波炉。

（1）顺着土豆长的方向切掉宽约0.3厘米、深约1.3厘米的细长楔形。

（2）放入微波盘中，高火，不盖盖儿，烤10～12分钟即可。

小贴士：

（1）要做出美味的微波烤土豆，关键是要顺着土豆长的方向，切一个细长的楔形，这样做是为了让蒸汽能够完全从马铃薯中逸出，形成干燥蓬松的土豆肉。

（2）根据微波炉的强度，微波时间可能略有差别。

（3）不管是大餐的一部分，还是餐桌上的主角，美国大部分人都喜欢土豆，一份不加任何调味料的烤土豆，配一些生西兰花、几片奶酪、一些酸奶等，就是完美的一餐。

美式茴香塞土豆

食材：白土豆 2 个，1 汤匙橄榄油，1.5 杯茴香苗，1/2 杯洋葱碎，1 瓣大蒜，1/2 杯绿皮西葫芦，2 汤匙松仁，1 汤匙新鲜洋紫苏，1/4 杯低钠蔬菜汤或牛奶，2 茶匙茴香叶，1/4 茶匙黑胡椒粉，1/3 杯低脂瑞士奶酪，盐。

做法：

（1）将白土豆洗净，在表皮用叉子戳一些小洞，用烤箱或微波炉将土豆烤制，直至土豆变软。若用烤箱，则以 180℃ 的温度烤约 40 分钟；若用微波炉，则加热 8 ~ 10 分钟。烤制时可偶尔翻动一下。

（2）把茴香苗切成 1.3 厘米左右的小段儿，洋葱切碎，大蒜切碎，绿皮西葫芦切成 0.6 厘米小丁，松仁切碎，新鲜洋紫苏切碎，茴香叶切碎，低脂瑞士奶酪切碎。

（3）在烤土豆的同时，在一个中等大小的平底锅里加油，中火煸炒茴香苗段儿、洋葱和大蒜，翻炒直到变软，大约 2 分钟。

（4）加入西葫芦丁，搅拌1分钟。

（5）加入切碎的松仁和洋紫苏叶，熄火，备用。

（6）拿出土豆晾凉，当土豆冷却后，纵向切成两半。

（7）挖出土豆肉，在土豆皮上留下0.6厘米的土豆肉。用橄榄油轻刷土豆壳的内部，也可以用盐适当调味，备用。

（8）量取1杯挖出的土豆，放在一个中等大小的碗里，加入低钠蔬菜汤（或牛奶）、茴香叶和胡椒，捣碎成细腻的土豆泥。

（9）拌入步骤（2）做好的茴香苗和西葫芦丁等蔬菜，加2汤匙奶酪，可以适当加盐调味。

（10）将拌好的土豆和蔬菜泥倒入4个准备好的土豆壳中，放进烤盘里，以180℃的温度烤20分钟或微波炉里高火加热4分钟

（11）拿出烤好的土豆，把剩下的奶酪撒在土豆上即可。

小贴士：

（1）茴香和富含钾的土豆有助于恢复体液平衡，让你感觉精力充沛，没有浮肿。

（2）茴香馅的土豆美味可口，但如果你不喜欢茴香的味道，用芹菜代替茴香苗，用小茴香代替茴香叶，再加一点干百里香来弥补味道的不足。

（3）瑞士奶酪使烤土豆的味道更美味。

（4）这顿饭的热量仅仅超过200卡路里哦。

马铃薯非中式营养食谱

美式鸡蛋烤土豆

MEI
LING
SHU
YING
YANG
SHI
PU

食材：2 个中等大小的赤褐色土豆，2 汤匙橄榄油或 1 汤匙黄油，1 个中等大小的黄洋葱，3 或 4 瓣大蒜，4 盎司 (100 克) 低脂切达干酪，1/4 茶匙盐，现磨的黑胡椒，香葱，4 个小鸡蛋。

做法：

（1）将黄洋葱切成小方丁，大蒜切碎，低脂切达干酪切碎，新鲜香葱切碎。

（2）把烤箱预热至 200℃，将土豆洗净，用叉子在表皮扎一些洞，放入烤箱烤 30 ~ 40 分钟，直到土豆变软。

（3）在一个大煎锅中用中火加热油或黄油，将大蒜、洋葱炒至变软。

（4）当土豆足够凉时，将土豆纵向切成两半，挖出里面的土豆肉，留下大约 0.6 厘米厚的土豆肉和皮。

（5）将挖出的土豆肉、奶酪、盐和胡椒放入锅中搅拌均匀，做成混合土豆泥。

（6）把土豆壳放在烤盘上，用土豆泥混合物填满。

（7）用勺子把混合物压成一个洞，为鸡蛋腾出空间。

（8）撒上香葱，在每半个土豆上放一个鸡蛋。

（9）将烤盘放入烤箱，把温度调至200℃，烤10~15分钟，直到鸡蛋凝固即可。

小贴士：

（1）烤制结束后，蛋清一般已经凝固，但蛋黄有点稀，美式烹饪一般认为蛋黄硬了就是烤的时间过长了。若喜欢全熟口感，可以适当延长烤制时间。

（2）这款鸡蛋烤土豆可作为家庭的周末早餐或早午餐，热量为220卡，且能够提供人体一天所需维生素C的17%。

马铃薯非中式营养食谱

烤三文鱼配手指形马铃薯

食材：拇指薯 700 克，1 茶匙迷迭香，三文鱼 200 克，1 汤匙特级初榨橄榄油，盐，胡椒粉，2 个新鲜的西兰花，1/2 磅的波特贝罗蘑菇。

调味品：1/4 杯特级初榨橄榄油，1/4 杯柠檬汁，1 汤匙伍斯特沙司，2 汤匙磨碎的帕尔马干酪，盐，胡椒粉。

做法：

（1）将土豆洗净，西兰花去茎，切成小朵。

（2）把烤箱加热到 205℃。

（3）将土豆放在一个大烤盘里，把 1/4 杯特级初榨橄榄油、1/4 杯柠檬汁、1 汤匙伍斯特沙司、2 汤匙磨碎的帕尔马干酪、盐和胡椒粉分成两份。一份调料均匀撒在土豆上，另一份备用。

（4）在土豆上撒上迷迭香，混匀，平铺在烤盘上。

（5）把土豆放在预热 205℃的烤箱内烤 15 分钟，直到它们稍微变软，开始变成棕色。

（6）从烤箱里拿出烤盘，用钳子或抹刀把土豆移到烤盘的一边。

（7）把三文鱼放在土豆旁边，放在烤盘的中央，淋上1汤匙橄榄油，用盐和胡椒调味。

（8）将西兰花和蘑菇加入烤盘的剩余空间，把剩下的一份调料撒在上面。用钳子或抹刀轻轻搅拌蔬菜，直到它们均匀地裹上调料。

（9）把烤盘放回烤箱，再烤12～15分钟，直到土豆、三文鱼熟透，拿出烤盘。

（10）分装到盘子里即可。

小贴士：

（1）选择拇指薯，是因为该品种适合煎烤和做沙拉，有黄油、坚果的香味，含糖量中等。

（2）根据土豆和三文鱼的大小调整烤制时间。

（3）如果土豆个头比较大，烤土豆时间可以适当延长。

（4）可以用鸡肉、牛排、豆腐、虾或其他鱼类来代替三文鱼。

（5）家里的任何蔬菜都可以烤制，只要根据不同的蔬菜来调整烹饪时间即可。

（6）若喜好辣口感，可以在调料中加入一点红辣椒片。

（7）伍斯特沙司是一种起源于英国的调味料，味道酸甜微辣，色泽黑褐，我国又称喼汁。

（8）波特贝罗蘑菇用香菇替代也可。

马铃薯非中式营养食谱

美式盐醋脆土豆

食材：小土豆900克，1杯白醋，2汤匙白醋，1汤匙粗盐， 2汤匙无盐黄油，2汤匙橄榄油，现磨黑胡椒，2汤匙新鲜香葱。

做法：

（1）将小土豆洗净、无盐黄油融化、新鲜香葱切碎。

（2）将烤箱预热至230℃，在一个大烤盘里铺上烤盘纸。

（3）将土豆、1杯醋、1汤匙粗盐放入一个中等大小的锅里。加水没过土豆2.5厘米，水煮开后，然后转小火慢炖，直到土豆变软，大约20分钟。

（4）把土豆沥干，放回锅里，加入黄油，轻轻搅拌均匀后，把土豆转移到准备好的烤盘上，单层摊开。用一个杯子的杯底将每个土豆粉碎成大约2.5厘米厚。将烤箱温度调至230℃烤20分钟。

（5）把土豆从烤箱里拿出来，把它们一个个翻过来，淋上橄榄油，放入烤箱继续烤 20 分钟。

（6）烤好后，撒上 2 汤匙醋、切碎的香葱、盐和胡椒，趁热享用。

小贴士：

（1）这道美味的盐醋脆土豆深受美国人喜爱，尤其是聚会时。

（2）在美国通常作为配菜和小零食食用。

（3）可以根据家庭成员多少增减烤制的数量，调味料按比例增减即可。

马铃薯非中式营养食谱

香蒜沙司帕尔马干酪马铃薯塔（美式、意式）

食材：6～8个黄土豆（直径约5厘米），1/2杯切碎的帕尔马干酪，3汤匙香蒜沙司，1/4茶匙胡椒粉，1/2茶匙海盐。

做法：

（1）将土豆洗净，去皮，切片。

（2）将帕尔马干酪切碎。

（3）将烤箱预热至205℃，用不粘锅喷雾喷玛芬烤盘。

（4）将土豆片放入碗中，加入切碎的帕尔马干酪和香蒜沙司，用勺子搅拌均匀，加入盐和胡椒调味。

（5）在玛芬烤盘上，一片叠一片放入土豆片，直到装满玛芬烤盘。

（6）将碗里所有剩下的奶酪混合物用勺子刮下来放在土豆上面。

（7）以205℃的温度烤25分钟，12人份的餐前开胃菜就做好了。

小贴士：

（1）如果没有不粘锅喷雾，用植物油在模具上涂一层也可以。

（2）烤箱功率不同，烤制时间略有差异，以叉子能轻松穿透土豆为判定方法即可。

（3）这款香蒜沙司帕尔马干酪马铃薯塔以选择黄皮土豆为佳，可以根据自己喜好在土豆上放大蒜、橄榄油、马苏里拉奶酪和意大利番茄酱。

（4）土豆直径一定要与模具直径相匹配，而且尽量选择形状规则的土豆。

（5）此款烤土豆也经常被作为早餐食用。

马铃薯非中式营养食谱

NO·09 墨西哥式烤土豆

食材：黄皮拇指薯500克，1茶匙橄榄油，1茶匙墨西哥卷饼调味料，1杯红色和绿色的青椒，1杯洋葱，1/2杯黑豆罐头，1/4杯冷冻甜玉米粒，3/4杯墨西哥混合低脂奶酪，1/4杯莎莎酱，1/4杯酸奶油。

做法：

（1）将小土豆纵向切半，红色和绿色的青椒切碎，洋葱切碎，墨西哥混合低脂奶酪切碎。

（2）将黑豆罐头排去水分，并冲洗一下，沥干水分。

（3）将烤箱预热至205℃，在烤盘上放一大块锡箔纸，然后喷上不粘锅喷雾。

（4）在一个大碗里，把切成一半的土豆、橄榄油和墨西哥卷饼调味料混合均匀。

（5）把土豆单层平铺在锡箔纸的中心，均匀地撒上辣椒、洋葱、黑豆和玉米，再盖上一大块锡箔纸，密封所有箔片的边缘，形成一个密封性良好的包。

（6）放入烤箱烤30分钟，取出后，让锡箔纸包冷却几分钟。

（7）切开包装释放蒸汽，然后完全打开，装盘，趁热洒上芝士，淋上莎莎酱和酸奶油，6人份的墨西哥式烤土豆就做好了。

小贴士：

（1）这道美味的墨西哥式烤土豆属于拉丁国家的菜式，配方快速、简单，非常适合烧烤或露营时食用。

（2）锡箔纸包从烤箱取出后，一定要冷却几分钟再打开，否则容易被蒸汽烫伤。

（3）这款烤土豆只有160多卡热量，是一道低热量主菜。

（4）若莎莎酱不易购买，也可以自制。主要原料很简单，为番茄、洋葱、青柠、香菜，大蒜的多寡可以视个人饮食习惯做调整。青柠取其汁即可，其他原料切碎或用搅拌机破碎成颗粒，用盐和黑胡椒调味即可。

马铃薯非中式营养食谱

食材：1个大土豆，1个洋葱，4瓣大蒜，2茶匙生姜，2茶匙微辣辣椒粉，2茶匙大蒜粉，1茶匙姜黄，1茶匙香菜，1茶匙辣椒粉，1茶匙咖喱粉，1/2茶匙盐，1/2茶匙胡椒，500克三文鱼，350克罐装番茄酱，1/2杯椰奶，适量橄榄油。

做法：

（1）将土豆去皮洗净，切小方丁，土豆丁上撒适量水，微波5分钟。

（2）另取一个碗，将微辣辣椒粉、咖喱粉、姜黄、香菜、辣椒粉、盐和胡椒粉混匀，加入三文鱼，裹上混合调味料。

（3）将蒜切碎，姜切末。

（4）取一个平底锅，加少量橄榄油，中火，加洋葱，炒5分钟，然后加入生姜和大蒜，继续煸炒2分钟，炒出香味。把裹上调味料的三文鱼片和碗里剩下的香料加入锅中，中火煎4分钟。

马铃薯营养食谱

（5）加入番茄酱和椰奶，把煮熟的土豆加入锅中，将三文鱼翻过来，盖上锅盖，将三文鱼和土豆再煮制4分钟左右。

（6）在盘子底部铺上自己喜欢的蔬菜，加烹制好的土豆三文鱼，加牛油果、柠檬、青柠、香菜装饰即可食用。

小贴士：

（1）干咖喱土豆三文鱼是一道没有太多汁的美味菜肴，味道非常独特。

（2）土豆和三文鱼的组合，加上盘底搭配的自己喜爱的蔬菜，即提供了人体所需的维生素，又提供了碳水化合物和蛋白质，是一道特别的主菜。

马铃薯非中式营养食谱

MA
LING
SHU
YING
YANG
SHI
PU

食材: 450 克小红土豆, 1/2 茶匙盐, 1/4 茶匙胡椒粉, 450 克鸡胸肉, 2 汤匙特级初榨橄榄油, 1 汤匙新鲜迷迭香, 4 瓣大蒜, 340 克豆角, 1 个柠檬。

做法:

(1)将小红土豆洗净, 不去皮, 切成 4 块。将每块鸡胸肉切成 4 块, 新鲜的迷迭香切碎, 4 瓣大蒜切碎, 豆角去掉两端, 柠檬切成橘子瓣大小。

(2)把土豆放入一个微波可用的大碗中, 用盐和胡椒调味。

(3)用微波炉高火加热 4 分钟。

(4)取出搅拌一下, 再微波 4 分钟。

(5)在一个大煎锅里, 中火加热 1 汤匙油, 加入切好的鸡肉, 翻炒 5 分钟至鸡肉变成金黄色, 不停地搅拌。

(6)加入剩余的油和土豆, 再翻炒 5 分钟至土豆金黄, 鸡肉完全熟透。

（7）加入迷迭香碎、大蒜末、豆角翻炒。

（8）把柠檬果汁挤入锅内，再把柠檬也加入锅中翻炒。

（9）翻炒几分钟，待豆角熟透，用盐和胡椒调味，装盘。4人份的主菜就做好了。

小贴士：

（1）柠檬、大蒜和迷迭香为这道土豆煎锅增添了令人愉悦的托斯卡纳风味。

（2）美国超市出售的豆角一般较短，烹饪时一般直接入锅，我们可以根据个人喜好切成小段。

（3）该道美式土豆煎锅每份热量约为240卡，能提供人体每日所需50%的维生素C的量。

（4）美式烹调时也有加入甜椒、西红柿和羊奶酪的吃法。

马铃薯非中式营养食谱

香肠土豆团子

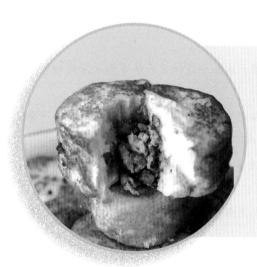

食材：3个大赤褐色土豆（约400克），400克火鸡香肠，1个洋葱，1茶匙干鼠尾草，1茶匙茴香种子，1/2茶匙盐，1/4茶匙胡椒粉，1个鸡蛋，1汤匙面粉，植物油。

做法：

（1）将土豆洗净，煮熟，去皮捣碎，晾凉备用。将洋葱切碎。

（2）把400克火鸡香肠从肠衣中剥出来，将茴香种子破碎。

（3）将香肠肉、洋葱、鼠尾草和茴香放入煎锅中，用中火煎大约10分钟，当肉变成褐色时，把香肠压碎。

（4）把香肠转移到碗里，将盐、胡椒粉、鸡蛋和面粉加入土豆泥中，充分搅拌，直到鸡蛋和面粉充分混合。

（5）取高尔夫球大小的土豆泥，做成薄饼。

（6）在中间放一汤匙香肠，然后在上面放另一个土豆泥饼，捏紧四边，捏成冰球形状。

（7）在不粘锅中加植物油，用中火煎土豆泥饼，每面煎2～3分钟至金黄色。用纸巾吸干表面的油，趁热食用。

小贴士：

（1）在土豆泥团子里填满了香肠、香料，外表又炸至酥脆，非常美味。

（2）该道香肠土豆团子和我国的土豆肉丸有点相似，美国一般作为节假日晚餐的配菜。这是8人份的配比，可以根据食用人数来调整原料的比例。

（3）该道土豆团子每份的热量为400卡，我们可以选择午餐时食用。

美式藜麦土豆饼

MEI
LING
SHU
YING
YANG
SHI
PU

食材：250 克赤褐色土豆，1 杯藜麦，1 瓣蒜，1/4 茶匙盐，1/4 杯面包屑，1 个大鸡蛋，1 ~ 2 汤匙橄榄油（用于煎炸）。

做法：

（1）把土豆削皮，切片，蒸熟，压成土豆泥。

（2）将蒜切碎。

（3）将藜麦加水蒸熟。

（4）在一个中等大小的碗里将土豆泥和煮熟的藜麦、蒜末、盐、面包屑混合。

（5）在另一个碗里，把鸡蛋搅拌均匀后加入土豆泥里，再次搅拌均匀，把土豆泥做成 2 厘米宽、3 厘米长、约 0.7 厘米厚的土豆饼。

（6）用中小火将平底锅加热，倒入油，放入土豆饼，煎 4 ~ 5 分钟，至表面金黄，翻过来再煎 4 ~ 5 分钟，两面金黄即可出锅。

小贴士：

（1）藜麦作为一种藜科植物，其蛋白质含量与牛肉相当，其品质也不亚于肉源蛋白与奶源蛋白。藜麦所含氨基酸种类丰富，除了9种必需氨基酸，还富集了多数作物没有的赖氨酸，并且矿物元素含量丰富，不含胆固醇，糖含量、脂肪含量与热量都属于较低水平。研究表明，藜麦富含的维生素、多酚、类黄酮类、皂苷和植物甾醇类物质具有多种保健功效。美国人早在20世纪80年代就将藜麦引入美国国家航空和宇宙航行局作为宇航员的日常口粮，联合国粮农组织认定藜麦是唯一一种单作物，可满足人类所需的全部营养。联合国将2013年命名为国际藜麦年，呼吁人们注意营养均衡。

（2）藜麦土豆饼即营养又美味，且口感松脆，蘸上番茄酱或蛋黄酱趁热食用，味道很棒哦，是早餐或小吃的不错选择。

土豆丸
（美式、地中海式）

食材：1 杯脱水土豆丝，150 毫升热水，1/2 杯洋葱，1/2 汤匙大蒜，1/4 汤匙柠檬皮，1/4 杯欧芹，1/4 杯香菜，1/8 杯薄荷，1/2 汤匙孜然碎末，1/2 杯用于肉丸子的鹰嘴豆酱，1/8 杯马铃薯雪花全粉，1/4 汤匙盐，1/4 杯热水 (用于土豆丸子)。

做法：

（1）将洋葱切丁，大蒜切丁，柠檬皮切碎末，欧芹切碎，香菜切碎末，薄荷切碎末。

（2）将脱水土豆丝放入碗中，与滚烫的热水混合，水没过土豆丝，用保鲜膜覆盖至少 15 分钟，使用前沥干水分。

（3）在食品料理机中加入洋葱、大蒜、柠檬皮、欧芹、香菜和薄荷，打成细腻的糊状物，加入土豆丝，开动料理机，搅拌成小土豆碎（颗粒如饺子馅大小）。

（4）在一个大碗里将土豆混合物与鹰嘴豆酱、马铃薯雪花全粉、孜然、盐混合，拌匀。

（5）加入适量的热水，使混合物变得黏稠且能够成型，根据口味需要调整盐和香料的用量，静置 10 ~ 15 分钟。

（6）准备一个烤盘，在表面刷油或加烤盘纸，把土豆混合物做成丸子大小。

（7）用 180℃油温炸土豆丸子，直到外表变成深金黄色即可。

（8）配上黄瓜、西红柿、奶酪、酸奶和饼就可以食用了。

小贴士：

（1）在经典的沙拉中加入土豆丸，味道更特别。

（2）土豆有助于产生饱腹感，并且土豆和鹰嘴豆酱完全融合，质地非常柔软。

（3）趁热食用，当肉丸被打开时，欧芹、香菜和柠檬的清香使人陶醉，是一款经典的土豆美食。

（4）脱水土豆丝可以用土豆丝替代，直接手工切成像做饺子馅的颗粒大小即可。

（5）没有控温炸锅，中小火炸丸子即可。

马铃薯非中式营养食谱

番茄酱土豆团子

土豆团子食材：450 克赤褐色土豆（约 2 个中等大小的土豆），1/2 杯土豆淀粉，1 个大蛋黄。

番茄酱食材：1.5 汤匙橄榄油，1/2 汤匙黄油，500 克小番茄，1 瓣大蒜，1/4 杯罗勒，3/4 杯马苏里拉奶酪粒，3 汤匙帕尔马干酪屑。

土豆团子的做法：

（1）将土豆洗净，在 205℃的烤箱里烤 1 小时或微波 7 ~ 10 分钟，土豆熟了之后，切成两半，把里面的土豆肉挖出来放进碗里，压成泥，丢弃土豆皮。

（2）加入土豆淀粉和蛋黄，把土豆泥、土豆淀粉、鸡蛋和成面团。

（3）把面团揉成长条状，切成 2 厘米左右的小段。

（4）烤盘上放烧烤纸，把切好的土豆团子放在烤盘上冷却。

（5）在深平底锅中加约 5 厘米的淡盐水，当水慢慢沸腾时，加入土豆团子煮 2 分钟，用漏勺捞出备用。

番茄酱的做法：

（1）在一个大煎锅里加热橄榄油和黄油，加入小西红柿，盖上盖子煎 5 分钟，直到西红柿开始爆开，偶尔搅拌一下。

（2）将大蒜切碎，把大蒜加入西红柿锅中，再煎 1～2 分钟，熄火。

（3）将罗勒切碎，加入锅中。

（4）将土豆团子装盘，撒上西红柿酱和马苏里拉奶酪，再铺上均匀的帕尔马干酪即可。3 人份的美式番茄酱土豆团子就做好了。

小贴士：

（1）如果做好的土豆团子一次吃不完，可以在冰箱中冷冻，一个月内和新鲜做的基本没有差别。

（2）新鲜番茄大蒜酱土豆团子非常适合放学后或运动后食用。

（3）土豆里的碳水化合物和奶酪里的蛋白质为身体补充能量，而酸甜的番茄酱则让一切变得超级美味。

（4）使用微波炉可以缩短烹调时间和准备时间。

（5）该土豆团子约 400 卡热量，提供人体每日所需维生素 C 的量的40%。

马铃薯非中式营养食谱

摩洛哥风格土豆泥羊肉丸子

肉丸子食材：250 克羊肉，1/2 杯绿小扁豆，1 个大鸡蛋，1 个中号洋葱，2 瓣大蒜，1/8 杯新鲜香菜叶，1/4 汤匙孜然粉，1/2 茶匙香菜粉，1/2 茶匙粗盐，1/4 茶匙黑胡椒粉。

土豆泥食材：750 克黄皮土豆，1/6 杯牛奶，1/2 茶匙粗盐，1 个大鸡蛋。

番茄浇汁食材及预处理方法：1 汤匙橄榄油，1/4 个中等大小的洋葱（切丁），2 瓣大蒜（切碎），鲜姜（切碎），1/4 汤匙孜然粉，1/4 汤匙香菜叶（切碎），3/4 茶匙粗盐，1/4 茶匙黑胡椒粉，1/4 茶匙肉桂，1/4 茶匙姜黄，1/8 茶匙辣椒粉，1/8 茶匙丁香粉，1 汤匙番茄酱，400 克西红柿（切碎），1.5 杯新鲜的牛肉、鸡或蔬菜高汤，1/2 杯冷冻青豌豆，1/4 杯切片青橄榄，1/8 杯葡萄干。

调味材料：1/2 汤匙蜂蜜，1/2 汤匙新鲜柠檬汁或酸橙汁，1/4 杯切碎的新鲜香菜，1/4 杯薄荷（切碎），1/4 杯欧芹（切碎）。

番茄浇汁的做法：

（1）在平底锅中，用中火加热橄榄油，加入洋葱炒4～5分钟，直到变软。

（2）加入大蒜和姜，炒30～60秒。把番茄浇汁的其他食材都加入锅中，关火。

肉丸土豆泥的做法：

（1）将250克羊肉绞碎，绿小扁豆煮熟，洋葱切碎，2瓣大蒜切碎，新鲜香菜叶切碎。

（2）将750克黄皮土豆去皮，切片，煮10～12分钟，沥干水分，备用。

（3）将烤箱预热至190℃，在烤盘上放烧烤纸，喷防粘喷雾，备用。

（4）在一个中等大小的碗中，将扁豆捣碎，加入剩下的所有肉丸食材，搅拌均匀，做成肉丸子。

（5）在烤盘上放好肉丸子，烘烤15～18分钟，取出待用。

（6）把土豆放在较大容器内，加入牛奶、盐和鸡蛋，捣成糊状，备用。

（7）把煮番茄酱的平底锅开火，沸腾后转小火，入肉丸煮10～15分钟。

（8）加入蜂蜜、柠檬汁和一半切碎的新鲜香菜叶调味。

（9）将刚才放肉丸的烤盘去掉烧烤纸，再次喷防粘喷雾，把炖好的番茄肉丸转入烤盘上，把土豆泥铺在番茄肉丸上。在190℃烤箱中烤25分钟。

（10）稍凉后，撒上剩余部分切碎的香菜、薄荷和欧芹，4人份的摩洛哥风味土豆泥羊肉丸子就做好了。

小贴士：

（1）摩洛哥风味的土豆泥羊肉丸子口感丰富，营养均衡，非常美味。这道菜耗时约1小时，适合在周末烹饪。

（2）如果不喜欢羊肉的味道，肉丸也可以用牛肉替代。

（3）这道菜的原料看起来复杂，其实就由三部分组成，分别是做了肉丸子、番茄汁和土豆泥，然后将三部分组合烤制即可。

NO. 17 猪肉盖薯格

食材：450 克猪肉，2 个中等大小的土豆，BBQ 烟熏烧烤酱，BBQ 辣味烧烤粉，1 根香葱，植物油。

做法：

（1）在猪肉上抹上 BBQ 辣味烧烤粉腌制 30 分钟，确保各面都有调味料，然后放入慢炖锅炖 9 小时。

（2）猪肉炖好后，取出，切丝，备用。

（3）将土豆去皮，洗净，用多功能刀或薯格切片器将土豆切成薯格形状，浸泡在水中，备用。

（4）在烤盘底部放烧烤纸，把薯格沥干水分，与植物油和 BBQ 烧烤粉混匀后，放在烤盘上，以 180℃的温度烤 15 ～ 20 分钟。

（5）把薯格、猪肉、烧烤酱装盘，撒上香葱即可享用。

小贴士：

（1）经过慢炖的猪肉口感松软且味道鲜美，与烤薯格融合，淋上 BBQ 烧烤酱汁，撒上新鲜的葱花，是一道经典的美式主菜。

（2）猪肉可以在前一天晚上放进慢炖锅，第二天中午食用。烤制的时间可以根据薯格的厚度和烤箱的功率适当调整。

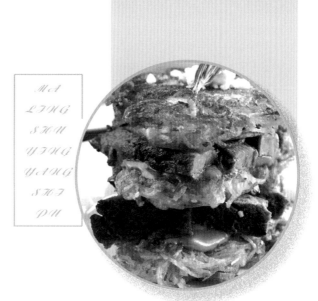

大蒜迷迭香牛排土豆煎饼塔

食材：900 克赤褐色土豆，450 克牛排，1/2 个白洋葱，2 个鸡蛋，3 瓣大蒜，2 茶匙迷迭香叶，2 汤匙通用面粉，1/4 茶匙盐，1/4 茶匙黑胡椒，2 茶匙橄榄油，2 ~ 3 汤匙不饱和黄油，2 支迷迭香。

红酒蓝纹奶酪沙司食材：4 汤匙无盐黄油，1/2 个黄洋葱，4 汤匙面粉，3/4 杯浓奶油，1/2 杯红酒，3/4 杯蓝纹奶酪碎，香葱碎。

做法：

（1）将土豆擦丝，洋葱切细丝，内样食材混合放入水中漂洗一下，取出沥干水分，放入一个大碗，备用。

（2）把香葱、大蒜、迷迭香叶、黄洋葱、蓝纹奶酪切碎，备用；牛排用盐和胡椒调味腌制，备用。

（3）另取一个中等大小的碗，加入鸡蛋，再加入大蒜碎、盐、胡椒和迷迭香碎，搅拌均匀。

（4）把鸡蛋混合物加到土豆和洋葱里，加入面粉，搅拌均匀。

（5）在一个平底锅里用中火加热 1 茶匙橄榄油，将土豆混合物倒入锅中，每次一汤匙，然后散开成一个圈，煎至两面金黄，移到烤盘上。

（6）把土豆丝洋葱饼放在烤箱里保持175℃的温度，开始制作酱汁。

马铃薯非中式营养食谱

（7）在中号平底锅中以中火加热无盐黄油使其融化，加入黄洋葱炒至金黄色，约需5～6分钟。

（8）加入面粉搅拌约1分钟后，加入浓奶油和红酒，搅拌，当混合物变浓稠起泡时，再加入蓝纹奶酪，搅拌至融化浓稠后，用盐和胡椒粉调味。

（9）在另一个厚底锅中，中火加热1茶匙橄榄油，锅热后，加入牛排，牛排煎30秒，然后翻转，锅中加入不饱和黄油和迷迭香，在牛排上涂上黄油，继续烹调，直到牛排熟透。

（10）烹饪牛排的时候，需要每分钟翻转一次，这样牛排两面的颜色就会均匀。

（11）牛排熟透后，静置10分钟，切成1厘米左右的细条。

（12）取一个盘子，底部放一个土豆丝煎饼，淋上酱汁，放几片牛排。重复几层，最后盖上土豆丝饼，用迷迭香或香葱碎装饰即可。

小贴士：

（1）欧美食品中奶酪的种类很多，食用方法各异，蓝纹奶酪质感疏松，易融化，易碎，口味略微浓重，有人称之为"奶酪界的臭豆腐"，在我国接受程度不高，不喜欢该口味可以换成其他奶酪。

（2）土豆饼与黄油牛排叠放，与奶油红酒蓝纹奶酪沙司融合在一起，味道非常鲜美，是一道受欢迎的美式主菜。

NO.
19 枫糖百里香烤土豆

食材：红皮小土豆400克，橄榄油1茶匙，枫糖浆1/4杯，干百里香1茶匙，粗盐1茶匙。

做法：

（1）将红皮小土豆洗净，切成4等份。

（2）将烤箱预热至180℃。

（3）在一个中等大小的碗里，把土豆、橄榄油、枫糖浆、百里香和盐混合、拌匀。

（4）将土豆放入烤盘后放入烤箱烤15分钟即可食用。

小贴士：

（1）橄榄油可用植物油替代。

（2）百里香可以用迷迭香替代。

（3）枫糖百里香烤土豆与三文鱼是完美搭配，鱼肉的鲜美加上枫糖特有的甜香，即美味又有营养。

马铃薯非中式营养食谱

NO. 20 龙虾土豆泥

食材：土豆2个，黄油1茶匙，3瓣大蒜，60克龙虾肉。

做法：

（1）将土豆去皮，洗净，切片。

（2）将土豆片蒸10分钟，出锅后，在容器内压成土豆泥，备用。

（3）在平底锅内薄薄刷一层植物油，把3瓣大蒜去皮后用小火烤至金黄，剁碎。

（4）将60克龙虾肉煮熟，剁碎。

（5）将1茶匙黄油融化。

（6）将热土豆泥放入碗中，加入融化的黄油、烤蒜和龙虾，混合均匀即可食用。

小贴士：

（1）为了做漂亮的造型，可以把土豆泥放进一个裱花袋里，选择自己喜欢的裱花嘴，做出漂亮的造型。

（2）也可以用煮熟的蟹肉代替龙虾。

（3）此款土豆泥是牛排的完美配餐哦。

西班牙土豆餐前小吃

食材：2～3 个中等赤褐色土豆或 3～4 个中等黄色的土豆均可，2 汤匙橄榄油，1/4 茶匙胡椒粉，1/2 茶匙海盐。

做法：

（1）将土豆洗净，切成 1/4 英寸（约 0.6 厘米）厚的薄片，拌入橄榄油、盐和胡椒，放在烤架上或准备好的烤盘上。

（2）预热烤箱至 205℃，把土豆片放入烤箱中每一面烤 10 分钟，装盘，上面撒上自己喜欢的不同的配菜即可。

小贴士：几种常见的配菜：

（1）意式普切塔

①将 2 个中等大小的番茄切丁，与 1/4 杯切碎的新鲜罗勒叶、2 瓣（1 茶匙）切碎的大蒜和 1 汤匙橄榄油放在一个碗里搅拌均匀，用勺子放在烤好的土豆上。

②也可以加入切碎的鸡肉。

（2）半熟烤牛柳

马铃薯非中式营养食谱

①将牛里脊切条，加葡萄籽油、粗盐、黑胡椒粉、蒜粒、迷迭香调味。

②将烤箱预热到180℃。

③将牛里脊条装入烤盘里，用大火烤，每边烤5~6分钟，把表皮烤焦脆。

④将烤箱温度降至60℃，把烤盘放入烤箱继续加热，约35分钟。

⑤取出，放置10分钟，切片，放在烤好的土豆片上。

（3）地中海式配菜

①将400克羊奶干酪切成粒，65克橄榄切片，1个中等大小的番茄切丁。

②用盐和胡椒粉调味。

③在一个碗里搅拌后把勺子放在烤好的土豆上就是一道地中海风味的餐前小食了。

（4）碎番茄粒

①1个中等大小的番茄，切丁；1个小洋葱，切碎；1根香葱，切碎；1/2茶匙大蒜，切碎；1汤匙切碎的香菜；盐和胡椒粉。

②将所有材料混合在一个碗里，用勺子放在烤好的土豆上。

③饰以香菜叶后就是一道美味的西班牙风味的开胃菜了。

泰国土豆生菜船

食材：4 个中等大小的赤褐色土豆，1/2 茶匙盐，1 汤匙海鲜酱，1 汤匙花生酱，1/2 茶匙亚洲辣椒酱，1/2 个柠檬，1/2 汤匙切碎的鲜姜，4 片生菜叶子，1 汤匙新鲜罗勒，1/8 杯切碎的烤花生。

做法：

（1）将土豆去皮，洗净，切成 2.5 厘米大小的块。把生菜叶子洗净备用，新鲜罗勒切成丝，柠檬挤出汁，皮切碎。

（2）将烤箱预热至 190℃。在一个浅烤盘里铺上箔纸，喷不粘锅喷雾，备用。

（3）在平底锅中加适量水和 1/2 茶匙盐，将土豆煮 10～15 分钟。

（4）将海鲜酱、花生酱、柠檬汁、亚洲辣椒酱、生姜和大蒜搅拌均匀。

（5）将煮熟的土豆沥干水分，用厨房纸吸去多余水分，放在一个大容器中。

（6）加入海鲜酱混合物，轻轻搅拌，使酱汁均匀裹在土豆上，将土豆单层放入准备好的烤盘中，放入预热好的烤箱，烤 15 分钟，然后

马铃薯非中式营养食谱

取出，把土豆翻个面，再烤 10 ~ 15 分钟，直到表面金黄起硬皮。

（7）从烤箱中拿出来，稍凉后，将烤土豆放在生菜叶上，洒上青柠皮、罗勒叶及花生即可。

小贴士：

（1）在烘烤的过程中，海鲜酱、花生酱混合物会在土豆上形成一层美味的外壳，产生一种不同寻常的美味口感。

（2）土豆外皮酥脆，内部呈奶油状，味道非常浓郁。

（3）这道菜搭配上生菜叶，简单而营养丰富。

马铃薯营养食谱

火腿土豆丸子

食材：土豆400克，1杯蛋液，115克马苏里拉奶酪，115克低水分的帕尔马奶酪，115克墨西哥辣椒火腿，4.5茶匙新鲜欧芹，2茶匙通用面粉，3/4杯通用面粉，1杯面包屑，180克红甜椒，1茶匙柠檬汁，粗盐，黑胡椒粉。

做法：

（1）将土豆切成丝，过水；把低水分的帕尔马奶酪切碎，火腿切成小丁，欧芹切碎，红甜椒切丁。

（2）用中号碗将土豆丝、马苏里拉奶酪、帕尔马奶酪、墨西哥辣椒火腿、欧芹、1/4杯蛋液和2茶匙面粉混合均匀。

（3）用塑料薄膜覆盖，冷藏20分钟。

（4）将剩余的面粉、剩余的3/4蛋液、面包屑分别放在3个新的中等大小的碗里，备用。

（5）从冰箱中取出土豆混合物，取60克左右，做成长约3厘米的圆柱形丸子。用剩下的土豆混合物重复做14个丸子。

（6）把每一个丸子都在面粉碗里裹上面粉，蘸一下蛋液，裹上面包屑。

（7）放到铺有锡纸的烤盘上备用。

（8）把油炸锅预热到180℃。

（9）将3～4个丸子放入热油炸锅中，炸2～3分钟，直到外面变成金黄色，捞出。

（10）在平底锅内加少量油，加红甜椒丁，加热至变软。

（11）将红椒丁加入榨汁机，加柠檬汁，然后榨成光滑细腻的酱，用盐和黑胡椒调味。

（12）热丸子配上红辣椒酱蘸着吃即可。

小贴士：

（1）帕尔马奶酪是意大利硬奶酪，经多年成熟干燥而成，色淡黄，超市中有盒装或铁罐装的粉末状帕尔马奶酪出售。

（2）帕尔马奶酪除了有饱满的奶香味外，还有强烈的水果风味，也有明显的咸味，是各类极品奶酪完美的结合体。

（3）墨西哥辣椒火腿可以用其他火腿替代。

墨西哥街头小吃
——土豆玉米沙拉

食材：2个土豆，2个甜玉米棒，2000毫升冷水，2汤匙粗盐，1/2杯墨西哥咖啡油脂，1/2杯蛋黄酱，1/2汤匙熏辣椒粉，1/2汤匙孜然粉，1/2汤匙碎墨西哥辣椒粉，3/4汤匙大蒜，1.5汤匙墨西哥辣酱，1汤匙鲜榨酸橙汁，1汤匙香菜叶，150克奶酪，1茶匙粗盐，1/2茶匙黑胡椒粉。

做法：

（1）将土豆去皮，洗净，切成两半；大蒜切碎；香菜叶切碎；奶酪粉碎。

（2）取一个锅，加水，加入土豆，烧开后转小火，煮约25~30分钟，熄火，沥干水分，晾凉。

（3）将玉米去皮，用大火烤至玉米粒微焦。从火上拿开，冷却后，把玉米粒从玉米棒子上切下来，备用。

（4）将蛋黄酱、熏辣椒粉、孜然、墨西哥辣椒粉、大蒜、墨西哥辣椒酱、酸橙汁、香菜叶和奶酪混合均匀。

马铃薯非中式营养食谱

（5）加入玉米和煮熟的土豆，用盐和胡椒粉调味。

（6）撒上香菜叶及墨西哥咖啡油脂，墨西哥土豆沙拉就做好了。

小贴士：

（1）土豆玉米沙拉是一道经典的墨西哥街头小吃。

（2）这款沙拉适合与墨西哥鱼肉卷、墨西哥肉卷一起享用。

（3）欧美食谱建议将成品放入冰箱里过夜，汤汁融入土豆后味道会更好。

NO. 25

土豆鳟鱼沙拉

食材：250 克赤褐色马铃薯，1/4 杯黑麦或小麦粒，3/4 杯水，1/2 汤匙菜籽油，豆角 100 克，1.5 汤匙橄榄油，1.5 汤匙白葡萄酒醋，1 茶匙芥末，2 瓣蒜，1/4 杯香菜，120 克鳟鱼，1/2 杯樱桃番茄，1 个鸡蛋，盐，胡椒粉，酸刺山柑。

做法：

（1）在电饭锅中加入黑麦和水，打开普通煮饭功能，做成小麦饭。

（2）将土豆洗净，切 2 厘米左右大丁，在一个平底锅中，加菜籽油和土豆，用中火加热至四周金黄，偶尔搅拌一下，约需 15 分钟。

（3）从锅中取出土豆，加入豆角，倒入 1/4 杯水，盖上盖子，煮至水分蒸发，豆角变脆彻底断生。

（4）将橄榄油、白葡萄酒醋和芥末搅拌在一起。

（5）将鸡蛋煮熟，切片备用；鳟鱼煮熟，切 3 厘米左右小块；樱桃番茄切成半或 1/4，备用。

（6）将一半的酱汁加入煮熟的黑麦中，加入香菜叶和 1 瓣蒜末。

马铃薯非中式营养食谱

117

（7）将剩下的蒜末加入另一半调料中。

（8）在2个盘子里放上黑麦，上面放上豆角、酸刺山柑、熟鳟鱼、樱桃番茄和煮熟的鸡蛋，用盐和胡椒调味。

（9）每盘淋上一半剩余的调味汁。

小贴士：

（1）这道土豆鳟鱼沙拉是很好的健身餐，富含碳水化合物、蛋白质和钾。

（2）刺山柑，别名野西瓜、马槟榔，原产于地中海沿岸，它的花蕾部分通常被作为调味料，果实通常被用来腌制作为美食。刺山柑是意大利和美国美食的独特成分，一般用于沙拉、意面、肉类菜肴和调味酱汁，以减轻油腻，利于开胃，还能用于装饰点缀冷盘，非常不错。

NO: 26 缤纷土豆碗

食材：1 个中等大小的赤褐色土豆，1 杯羽衣甘蓝和菠菜混合物，1/3 杯鹰嘴豆，1 个牛油果，1 杯草莓，1 个鸡蛋。

做法：

（1）将土豆洗净，用叉子在土豆的表面扎一些孔，用微波炉高火加热 8 ~ 10 分钟，将土豆烤熟，稍凉，垂直切成两半，再顺长切成两半。

（2）将羽衣甘蓝和菠菜切碎。

（3）打开鹰嘴豆罐头，把鹰嘴豆漂洗并沥干。

（4）将牛油果、草莓切丁，鸡蛋单面煎熟。

（5）将 4 块土豆摆在碗的边缘，随机撒上牛油果、草莓、羽衣甘蓝、菠菜碎，鸡蛋放在中间，可以适当用盐和黑胡椒调味。

小贴士：

（1）这道菜是锻炼前或锻炼后补充能量的最佳美食。

（2）用新鲜的羽衣甘蓝、菠菜、草莓、鹰嘴豆和一个鸡蛋搭配烤土豆，可以同时满足能量、维生素、碳水化合物和膳食纤维的需求。

（3）除了运动前后补充能量外，也通常被作为早餐和午餐食用。

（4）可以根据自己的喜好自由搭配果蔬。

马铃薯非中式营养食谱

彩虹素食土豆球

土豆泥基本食材：5个赤褐色的土豆，1/2杯黄油，1/2杯浓奶油，1/2茶匙盐，1/2杯马铃薯雪花粉。

甜菜／莳萝菜泥食材：2个中等大小的红色甜菜，1/2茶匙新鲜莳萝，1/8杯橄榄油，1/2茶匙盐，适量的水。

白胡桃南瓜／鼠尾草叶菜泥食材：1/2只白胡桃南瓜，1汤匙黄油，几片鼠尾草叶子，1/2茶匙盐，1/4茶匙胡椒粉，1茶匙橄榄油。

番茄／罗勒叶菜泥食材：1杯番茄碎，3/4汤匙蒜碎，1/2茶匙盐，1/4茶匙胡椒粉，1/4杯罗勒叶，适量的水。

甜椒／胡萝卜菜泥食材：1个红椒，2个胡萝卜，1/2汤匙大蒜，1/2茶匙盐，1/4茶匙胡椒粉，适量水。

羽衣甘蓝／菠菜泥食材：1/2杯羽衣甘蓝碎，1/4杯罗勒碎，1/4杯嫩菠菜，1/2汤匙大蒜碎，1.5汤匙柠檬汁，1/2茶匙盐，1/4茶匙胡椒粉，1/8杯帕尔马干酪。

土豆泥的做法：将土豆去皮，切片，蒸熟，压成土豆泥，加入黄油、浓奶油、盐、脱水马铃薯雪花粉，搅拌均匀，分成 5 等份备用。

甜菜莳萝土豆泥的做法：

（1）将红甜菜去皮，洗净，切片蒸熟，当甜菜凉到可以处理时，将蒸熟的甜菜放入搅拌机，与莳萝、橄榄油、盐和胡椒粉混合成泥状。

（2）将 1 份土豆泥加入搅拌机，混匀，用冰淇淋勺做成球形，装盘，甜菜泥、莳萝土豆泥就做好了。

白胡桃南瓜土豆泥的做法：

（1）将白胡桃南瓜去皮，去籽，切成薄片蒸熟。

（2）在平底锅里把黄油用中火加热，将鼠尾草煎成淡棕色，使鼠尾草变脆。

（3）将煮熟的南瓜、橄榄油、鼠尾草、盐和胡椒粉放入搅拌机内搅拌。

（4）加入 1 份土豆泥，继续搅拌均匀，用冰淇淋勺做成球形，装盘，白胡桃南瓜土豆泥就做好了。

番茄罗勒土豆泥的做法：将番茄罗勒叶菜泥的所有原料加入搅拌机搅拌至均匀（水根据需求加入），加入 1 份土豆泥继续搅拌均匀，用冰淇淋勺做成球形，装盘，番茄罗勒叶土豆泥就做好了。

甜椒胡萝卜土豆泥的做法：

（1）将胡萝卜去皮，切片，蒸熟，过凉水，沥干水分。

（2）将熟胡萝卜、甜椒、大蒜、盐、胡椒和橄榄油放在搅拌机内搅匀。

（3）加 1 份土豆泥继续搅拌均匀，用冰淇淋勺做成球形，装盘，甜椒胡萝卜土豆泥就做好了。

羽衣甘蓝菠菜土豆泥的做法：

（1）在锅内加适量水至沸腾，把羽衣甘蓝放入沸水中焯 30 秒，取出立即放入冰水中以保持颜色，凉透后，把水挤出，切碎。

（2）将大蒜、柠檬汁、盐、胡椒、帕尔马干酪、焯过的羽衣甘蓝、罗勒和橄榄油放入搅拌机，加工成细腻的香蒜酱。

（3）加入 1 份土豆泥继续搅拌均匀，用冰淇淋勺做成球形，装盘，羽衣甘蓝菠菜土豆泥就做好了。

小贴士：

（1）这款土豆泥色彩多样，变化的不只是颜色和营养，其口味也各有不同。

（2）食谱中有许多变量，最显著的是所使用的蔬菜的水分含量，即使是按一定的体积大小配比，也存在一定差别，如果太黏稠，可以适当加水搅拌，若太稀不易成型，可加入额外的脱水马铃薯雪花粉，使成品变稠，以达到理想的口感。

（3）土豆泥中加入至少两种蔬菜，使食物更有营养，是美国、意大利和地中海地区的经典开胃菜或配菜。

NO.28 日式土豆泥

食材：土豆 1 个，香肠 1 根，胡萝卜半根，黄瓜半根，鸡蛋 1 个，千岛酱 1 包，青芥辣酱 5 克。

做法：

（1）将胡萝卜、香肠、黄瓜切丁。

（2）将土豆去皮，洗净，切片。

（3）在锅中加水，将鸡蛋放入水中，加笼屉，两层内分别蒸土豆和萝卜丁。

（4）把蒸熟的土豆碾压成土豆泥。

（5）加入胡萝卜丁、黄瓜丁和香肠丁。

（6）将鸡蛋去皮，切碎，加入土豆泥中。

（7）加入千岛酱和青芥辣酱，搅拌均匀。

（8）做成丸子大小的圆球，装盘，可以用绿色蔬菜、西红柿装饰。

小贴士：

（1）把胡萝卜预先蒸一下，则口感更软糯。

（2）如果土豆泥太干，也可适量加入牛奶。

马铃薯非中式营养食谱

芝士焗土豆泥

食材：土豆1个，奶酪片2片，马苏里拉奶酪100克，盐1小勺，黑胡椒少许。

做法：

（1）将土豆去皮、洗净，切半厘米左右的薄片，放入开水锅中煮熟，拿一根筷子能轻松戳透土豆片即可。

（2）把土豆片捞入碗中，趁热撒入一小勺盐，加少许现磨黑胡椒粉，将土豆碾压成泥、拌匀。

（3）盖上两片原味奶酪片，再撒上一层厚厚的马苏里拉奶酪。

（4）将烤箱预热至200℃，把烤盘放在烤箱上层，烤大约15分钟，至奶酪金黄色即可。

小贴士：

（1）可以在土豆泥中加入熟的玉米粒、胡萝卜丁、豌豆粒，还可以拌入熟的火腿粒。盐的量根据自己的口感和土豆的大小适当调整。

（2）若放在小杯或小碗中分开烤制，把奶酪片分成几块即可，或者只加一种奶酪也不影响效果。

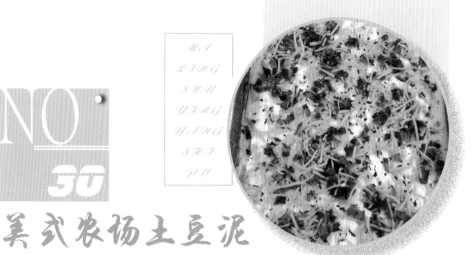

美式农场土豆泥

食材：200 克土豆泥粉，10 克牧场混合酱，1/4 杯切达奶酪，50克火鸡培根，1 茶匙欧芹丁干片。

做法：

（1）将切达奶酪切丝，火鸡培根切片。

（2）在方形模具里，放入土豆泥粉，加入沸水，一边加水一边搅拌，成土豆泥状即可。

（3）把牧场混合酱、火鸡培根放入土豆泥中慢慢搅拌,搅拌均匀后，以保鲜膜覆盖，在蒸锅中蒸大约 5～10 分钟。

（4）取出后在土豆泥表面撒上奶酪和切碎的培根，再用干欧芹装饰即可。

小贴士：

（1）在欧美国家，超市里一般都有整包的专门做土豆泥的粉出售，做土豆泥特别方便。

（2）该款土豆泥属于快手菜，一般作为配餐，再加一些蔬菜，比如豌豆、胡萝卜和玉米，这样营养就更全面了。

（3）在蒸锅中蒸的这一环节可以使土豆泥完全和水分及酱汁融合，口感更细腻。

（4）家庭烹饪时可以自制土豆泥，还可以 180℃烤几分钟，奶酪融化后味道更好。

马铃薯非中式营养食谱

美式土豆鸡肉烤串

　　基本食材及鸡肉腌制调料：500 克去骨去皮的鸡胸肉，500 克小土豆，500 克新鲜菠萝，250 克红甜椒，250 克橙色甜椒，盐和胡椒粉适量，2 汤匙橄榄油，少许红辣椒片，1 汤匙蜂蜜，3 支新鲜迷迭香，4 瓣蒜，1 茶匙鲜姜，柳橙片适量。

　　土豆甜椒菠萝腌制调料：3 支新鲜迷迭香，2 汤匙橄榄油，1/2 个墨西哥小辣椒，黑胡椒。

　　做法：

　　（1）将鸡胸肉切成 2.5 厘米大小的块，将鸡肉放入大碗中，用盐和胡椒调味。

　　（2）将 2 汤匙橄榄油、少许红辣椒片、1 汤匙蜂蜜、3 支新鲜迷迭香、蒜、鲜姜、柳橙片和鸡肉混匀，腌 8 ～ 12 小时。

　　（3）将甜椒切成 2.5 厘米大小的块，小土豆洗净，菠萝去皮切成鸡肉块大小的块，墨西哥小辣椒去籽切碎。

　　（4）用微波炉加热小土豆，约 8 分钟。

　　（5）另取一个大盆，将冷却的土豆、菠萝和甜椒放入盆中，加入新鲜迷迭香、2 汤匙橄榄油、切碎的墨西哥小辣椒，用胡椒调味，腌 8 ～ 12

小时。

（6）在烤制前将木签儿浸泡1小时。把鸡肉、菠萝、土豆和甜椒按自己喜欢的顺序串在木签儿上，丢弃多余的腌制汁。

（7）将烤箱预热至205℃，在烤架上刷油，把烤肉串放在烤架上烤10～15分钟，必要时翻动一下，鸡肉内部不再是粉红色即可食用。

小贴士：

（1）在烤肉串的前一天晚上把鸡肉和蔬菜分别腌制，这样可以使新鲜香草和香料的香味充分与鸡肉等食材融合。

（2）土豆用微波炉加热时，加热至叉子插入变软即可。

（3）没有小土豆，可以选用大土豆切大丁即可。

（4）烤制时间与烤箱功率有关，可适当调节。

美式烟熏枫糖三文鱼串

食材：16 个紫色小土豆，1 个小球茎茴香，1 个大红甜椒，500 克新鲜三文鱼，1 杯番茄酱，2 汤匙枫糖，1/2 茶匙烟熏红辣椒。

做法：

（1）将土豆洗净，将茴香球茎的白色部分及甜椒和三文鱼切成 16 块，每块宽约 2.5 厘米。

（2）在平底锅中加水没过土豆，煮 12 ~ 15 分钟。

（3）把土豆沥干水分并冷却。

（4）把土豆、茴香球茎、甜椒、三文鱼交替地穿在金属或浸泡过的竹签儿上，每一种材料 4 块。

（5）在一个容器里把番茄酱、枫糖浆和熏制的辣椒粉搅拌在一起。

（6）将烤箱预热至 205℃，在烤架上刷油，将串好的烤串儿放在烧烤架上，烤 3 ~ 4 分钟后，取出刷酱，继续烤 8 分钟直到三文鱼熟透。

小贴士：

（1）把土豆、球茎茴香、三文鱼和辣椒混合在一起，加上烟熏酱汁，是色彩缤纷、美味可口的烧烤拼盘。

（2）紫色小土豆富含花青素，具有增强人体免疫力、延缓衰老、增强体质、抗癌、美容和防止高血压等多种保健作用。

NO.55 酸橙汁腌鱼炸薯条

食材：2 杯冷冻卷曲薯条，500 克鲯鳅鱼，1/2 根黄瓜，3/4 杯番茄，1/4 杯香菜叶，1 个拉诺辣椒，1/4 杯酸橙汁，1/6 杯橄榄油。

做法：

（1）将鲯鳅鱼煮熟，切成小方块，用酸橙汁腌 20 分钟。

（2）将黄瓜切丁，番茄切丁，香菜叶切碎，拉诺辣椒切碎。

（3）加入切碎的配料和橄榄油，用盐和胡椒调味，装入 2 个透明杯中。

（4）把油烧热至 180℃，将卷曲薯条炸至金黄色，用厨房纸吸去多余的油分。

（5）用盐和胡椒粉调味，放在酸橙汁腌鱼杯里面就可以食用了。

小贴士：

（1）香脆可口的卷曲薯条配上鲜嫩的鲯鳅鱼，非常美味。

（2）拉诺辣椒在美国种植，用小米椒替代即可。

（3）用辣椒、番茄和酸橙汁腌制的鲜嫩鱼肉，口感酸辣，小朋友食用时可以不加辣椒。

（4）没有卷曲薯条也不要紧，普通薯条也不影响效果。

马铃薯非中式营养食谱

马铃薯甜品

土豆泥甜甜圈

食材：1 杯土豆泥（或 2 个中等大小的熟土豆），1 个大鸡蛋，1/3 杯糖，1 汤匙橄榄油，3/4 杯酪乳，150 毫升酸奶，2 杯无麸质烘焙粉，1/2 茶匙肉豆蔻，1/2 杯糖粉，2 ~ 3 汤匙牛奶。

做法：

（1）将烤箱预热至 180℃，在甜甜圈烤盘上涂上防粘喷雾。

（2）将土豆泥和 1 个大鸡蛋、1/3 杯糖、1 汤匙橄榄油、3/4 杯酪乳、150 毫升酸奶放入搅拌机中搅拌均匀。

（3）将无麸质烘焙粉和肉豆蔻搅拌在一起，加入土豆混合物中，混匀。

（4）把面糊均匀地放进甜甜圈烤盘里，烘烤 20 ~ 25 分钟。

（5）将糖粉和牛奶混合备用。

（6）把甜甜圈从烤箱里拿出来，放在烤架上冷却 10 分钟。

（7）淋上糖粉和牛奶混合物，在上面撒糖霜亦可，6 人份的甜点就做好了。

小贴士：

（1）土豆泥甜甜圈的热量为 250 卡左右，酸奶和牛奶若使用脱脂产品，热量更低。

（2）没有土豆泥，可以用两颗土豆替代，切片蒸熟，做成土豆泥即可。

马铃薯非中式营养食谱

土豆早餐饼干

食材：1杯土豆泥，2汤匙枫糖浆，2茶匙香草精，1/2杯不加糖的苹果酱，1汤匙亚麻粉，2汤匙水，1/4杯向日葵种子酱，1.5杯燕麦，2茶匙肉桂，1/2杯蔓越莓干，1/4杯葵花籽仁。

做法：

（1）将烤箱预热至190℃，在烤盘上铺烤盘纸或锡箔纸。

（2）在一个大碗里，把土豆泥、枫糖浆、香草精、苹果酱、1汤匙亚麻粉加2汤匙水的混合物、葵花籽酱搅拌在一起。

（3）加入剩余的所有材料，搅拌均匀。

（4）取一勺放入准备好的烤盘，用手轻轻压平，其余的单层平铺在烤盘内。

（5）烤10～12分钟，然后在烤盘上冷却5分钟，再放到冷却架上。

（6）12人份的土豆小饼干就做好了。

小贴士：

（1）这些美味的早餐土豆小饼干是用燕麦、土豆泥、干果、亚麻粉等做成的，口感脆甜，营养丰富。

（2）没有香草精，不加也不影响口感，枫糖浆、苹果的香味也很美妙。

（3）蔓越莓的抗氧化性等保健功能使该款饼干更受欢迎，热量为180卡左右。

（4）土豆泥可以自制哦。

（5）亚麻粉有极强的坚果风味，在许多欧美国家，面包师在饼干、蛋糕、面包等产品中都经常使用亚麻粉。我国在内蒙古、黑龙江、辽宁、吉林等地区种植较多，俗称胡麻，有缓解皮肤瘙痒、便秘的功能。

早餐土豆棒

食材：1 杯冷冻薯饼，1/2 杯无麸皮速食燕麦，1 杯马铃薯雪花全粉，1 个小鸡蛋，1/2 杯全脂牛奶，1/4 杯浓奶油，1/8 杯白砂糖，1/4 茶匙橘皮，3/4 杯蓝莓，1/2 杯不加糖的烤椰子片，1/6 杯杏仁片，1/4 茶匙粗盐。

做法：

（1）将烤箱预热至 180℃。

（2）在碗中加入薯饼、速食燕麦片和马铃薯淀粉。

（3）另取一个碗，加入鸡蛋、全脂牛奶、浓奶油、白糖、橙子皮搅拌均匀后，加入薯饼和燕麦混合物中。

（4）加入蓝莓、烤椰子片、杏仁片和盐，搅拌均匀。

（5）在四联方形面包烤盘上喷上防粘喷雾，底部铺上烤盘纸，然后再喷防粘喷雾。

（6）取适量拌匀的混合物放入每个面包空腔中，然后压平整，再撒上一些烤椰子片和杏仁片。

马铃薯营养食谱

（7）烤25分钟，直到边缘微微变黄，土豆棒手感变硬后，把它切成两半即可。

小贴士：

（1）欧美国家比较喜欢吃薯饼，因此，超市售卖很多不同口味的冷冻薯饼。我们家庭中制作该款土豆棒，可以自制一点土豆泥即可。

（2）不喜欢太甜口感可以减少糖的用量。

马铃薯泡芙

食材：450克白皮土豆，3汤匙黄油，1/2茶匙盐，1/4茶匙黑胡椒，1杯切达奶酪，1杯煮熟的西兰花，2个鸡蛋，2汤匙香葱，1瓣蒜。

做法：

（1）将白皮土豆去皮，洗净切切片，煮熟；切达奶酪切碎；西兰花煮熟后切碎；香葱切碎；蒜切碎。

（2）将煮熟的土豆沥干水分，加入黄油、盐和胡椒粉后将土豆捣碎。

（3）烤箱预热至205℃。在12联圆形面包烤盘上涂植物油或喷防粘喷雾。

（4）在一个大碗里，混合土豆泥、切达奶酪、西兰花、鸡蛋、香葱、大蒜、盐和胡椒，搅拌均匀。

（5）将土豆混合物均匀地分装在12联烤盘面包烤盘中。

（6）烤30～35分钟，直到马铃薯泡芙定型，顶部变成棕色。

（7）把烤盘拿出冷却5分钟，小心地把土豆泡芙从烤盘上拿下来。

（8）淋上酸奶油和切碎的香葱即可食用。

小贴士：

（1）这款马铃薯泡芙外面酥脆，里面松软，美味可口且超级容易做。

（2）马铃薯泡芙可以作为聚会时的开胃菜。

（3）如果想得到更浓郁的口感，可以在土豆泥中添加酸奶油。

马铃薯非中式营养食谱

土豆华夫饼

食材：赤褐色土豆2个，1.5杯全谷物糕点面粉，2茶匙发酵粉，1/4茶匙盐，1汤匙枫糖浆，3个鸡蛋，1汤匙黄油，1.5杯低脂牛奶，90克白色切达干酪。

做法：

（1）将土豆去皮，洗净，切片，煮熟，在容器内压成土豆泥，备用。

（2）将鸡蛋蛋黄和蛋清分离，分别放在两个小碗中备用。把黄油融化并稍微冷却。

（3）在一个大碗里把面粉、发酵粉、盐和糖浆搅拌在一起。

（4）另取一个中等大小的碗，加蛋黄、融化的黄油和牛奶，搅拌均匀后加入到混合好的面粉和发酵粉的碗中，搅拌均匀。

（5）加入土豆泥，混匀。

（6）另取一容器，加入蛋清，把蛋清打至中软发泡，达到用手或者工具拉出来的尖头成雪峰状且能保持坚挺，即表示打发完成，蛋清打好后加入土豆面糊中。

（7）在华夫饼模具上涂上不粘锅的烹饪喷雾，倒入适量土豆面糊，将一大汤匙奶酪倒在面糊上，盖上锅盖至饼呈金黄色，淋上枫糖浆就可以食用了。

小贴士：

（1）土豆华夫饼香甜可口，土豆泥是该款华夫饼的"秘密"成分，土豆泥使华夫饼格外湿润，是锻炼后补充能量的最佳食品。

（2）在打发蛋清的时候一定要注意，盛放蛋清的容器一定要没有油，沾了油的蛋清打不起来。在过滤蛋黄的时候一定不能把蛋黄弄破到蛋白里，否则影响打发效果。

（3）蛋清不要打过了，否则气泡就散了。

（4）打制出来的蛋白不要放置过长时间，混合的时候也一定速度要快，要从一个方向搅拌，这样做出的华夫饼才更松软。

（5）普通糖浆可以替代枫糖浆哦。

土豆巧克力松露

食材：2个土豆，1汤匙黄油，1汤匙牛奶，2汤匙蜂蜜，1汤匙可可粉，1汤匙香草精，200克黑巧克力，开心果碎，杏仁碎，椰子碎，可可粉各1/4杯。

做法：

（1）将土豆去皮，洗净，切片，煮熟，在碗内压成土豆泥。

（2）把黄油融化，和牛奶混合在一起，加入土豆泥，搅拌均匀。

（3）将蜂蜜、可可粉和香草精混合到土豆中。

（4）将土豆泥团揉成丸子大小的球状，放在一个大盘子里。

（5）准备好开心果碎、杏仁碎、椰丝、可可粉，分别放在小碗里。

（6）在锅中加水，把巧克力放在容器中隔水，或用微波炉融化巧克力的3/4，然后搅拌均匀。

（7）把一个土豆球放在漏勺上，然后把它浸在巧克力里，提起漏勺，让多余的巧克力漏下去。

（8）把裹上巧克力的土豆球放在准备好的开心果碎、杏仁碎、椰丝、可可粉中的任何一个碗里，裹上一层后，用勺子把裹好的土豆球放在盘子里。

（9）重复此步骤，直到所有的土豆球都被包裹起来，然后在冰箱中放置 5 分钟使其变硬。

小贴士：

（1）储存在密封容器中放入冰箱，可以保存 3～4 天。

（2）除巧克力外，可以根据自己的喜好裹上任何的坚果碎。

（3）蜂蜜、可可粉和香草精的量可以根据自己的口味适当调整。

（4）融化巧克力的时候，不要完全融化，只融化 3/4，然后搅拌均匀即可。否则，巧克力的流动性太强，会减少土豆球上巧克力的量。

（5）这款简单的土豆巧克力松露制作快捷，是一道很受欢迎的美式甜点。

马铃薯非中式营养食谱

土豆能量饼干

食材：2个土豆，1杯杏仁酱，2个鸡蛋，1.5茶匙香草精，1茶匙肉桂粉，1/4茶匙肉豆蔻，1/4茶匙多香果粉，1/8茶匙丁香，1/4杯枫糖浆，1/2杯葵花籽，1/2杯蔓越莓干，1/2杯燕麦粉，2茶匙小苏打。

做法：

（1）将土豆去皮，洗净，切片，蒸熟，蒸大约10～15分钟。蒸熟后放在一个容器内，把土豆压成土豆泥。

（2）将烤箱预热至190℃。在两个烤盘上铺上烤盘纸，备用。

（3）将土豆泥、杏仁酱和鸡蛋混合在一个大碗里，拌匀。

（4）加入香草精、肉桂粉、肉豆蔻粉、多香果粉、丁香、枫糖浆、葵花籽和蔓越莓干，搅拌均匀。

（5）加入燕麦粉和小苏打，搅拌均匀。

（6）舀到准备好的烤盘上，大小如曲奇饼干的大小即可，在190℃的温度下烘烤10～12分钟。

小贴士：

（1）这些饼干营养丰富，土豆与杏仁酱、鸡蛋、蔓越莓和葵花籽混合，制成的饼干美味且风味独特。

（2）这是一款适合随身携带的零食，是徒步旅行中补充能量的完美选择。

（3）坚果可以根据喜好随意添加哦。

马铃薯非中式营养食谱

马铃薯能量奶昔

食材：1/2 杯牛奶，1/2 个香蕉，半个煮熟的马铃薯，1 汤匙可可粉，1 汤匙天然花生酱，1 汤匙枫糖浆，1/2 杯冰块 (4 ~ 5 个冰块)，少许巧克力碎。

做法：

（1）将马铃薯切丁。

（2）把所有的原料放在破壁机里搅拌至少 1 分钟。

（3）倒入玻璃杯，表面撒巧克力碎、淋花生酱即可。

小贴士：

（1）这款马铃薯奶昔富含能量，适合锻炼后食用，每份提供热量 360 卡左右。

（2）若不喜欢太凉，可以适当减少冰块的使用量。

（3）这是 1 人份的奶昔，若多人食用，按比例添加原料即可。

NO.09 土豆草莓奶昔

食材：1 个中等大小的红皮土豆，草莓若干，1 杯豆奶，1 汤匙蜂蜜，2 汤匙蛋白粉，4 块冰。

做法：

（1）将土豆洗净，去皮，切片，蒸熟，压成土豆泥。

（2）把剩余所有材料放在料理机里至少搅拌 1 分钟。

（3）两人份的土豆草莓奶昔就做好了。

小贴士：

（1）锻炼前需要补充能量吗？试着用这个不可思议的速度去做土豆草莓奶昔，在你运动的时候为你提供足够的能量。

（2）草莓的量可以根据自己的喜好调节，味道、颜色都有差别哦。

马铃薯非中式营养食谱

马铃薯汤

NO. 01 俄式罗宋汤

罗宋汤是发源于乌克兰的一种浓菜汤。

食材：洋葱半颗，土豆1颗，红萝卜1根，圆白菜少许，牛肉100克左右，大蒜，番茄，番茄酱，盐，黑胡椒，甘椒粉，豆蔻，意大利香料少许，橄榄油。

做法：

（1）将洋葱切小片；土豆去皮，洗净，切丁；红萝卜切丁；圆白菜切小片；大蒜3瓣切碎备用。

（2）在锅中加入适量橄榄油或黄油，油热后加入蒜，爆香后，加洋葱炒软。

（3）加入牛肉，炒至变色后，再将土豆、萝卜丁放入锅中拌炒。

（4）约3分钟后，将圆白菜片加入锅中炒软。

（5）然后再将调味料、番茄及番茄酱一起放入锅中，用小火煮约1小时，将牛肉煮软至熟透即可。

马铃薯非中式营养食谱

147

小贴士：

（1）牛肉若先用高压锅煮软，则可以缩短煲汤时间。

（2）喜欢脆的口感，圆白菜片也可以最后放。圆白菜还可以用高丽菜替代。

（3）这道汤还可以加甜菜头、红肠和芹菜。

（4）调味料只加黑胡椒和盐也一样美味哦。

（5）为了使汤更浓稠，可以将少量面粉用水调匀，出锅前加入锅中，待沸腾后即可出锅。

NO: 02

佛罗伦萨番茄土豆汤

食材：450 克黄褐色的土豆，1 汤匙特级初榨橄榄油，1 个中等大小的洋葱，2 根芹菜，1000 毫升鸡汤（低钠），1 罐装番茄丁（800 克），1 罐番茄酱（740 克），2 茶匙干罗勒叶，大蒜，盐，新鲜的胡椒粉，3 杯新鲜菠菜，1 个大胡萝卜。

做法：

（1）将土豆去皮，切丁；洋葱切碎；芹菜切丁；大蒜切碎；新鲜菠菜切小段儿；胡萝卜去皮切片。

（2）在一个大炖锅里加油，烧热油后，加入洋葱、芹菜和胡萝卜，翻炒 5 分钟。倒入鸡汤、番茄、土豆丁和罗勒叶，沸腾后转小火，盖上锅盖炖 30 分钟。

（3）稍微冷却后，放入搅拌机或料理机搅拌至光滑。

（4）再倒入锅中，加入菠菜煮 1 ~ 2 分钟使菠菜变软即可。

小贴士：

（1）在每碗佛罗伦萨土豆汤中加入一点罗勒香蒜沙司和少量帕尔马奶酪，可以更加提升其意大利风味。

（2）美国很多主妇喜欢在烹饪时多加入胡萝卜，以增加甜味，所以，这道 4 人份的汤也可以加 2 根胡萝卜。

马铃薯非中式营养食谱

美式慢炖土豆汤

M.1
LIXG
SHU
YIXG
YAXG
SHI
PU

土豆汤食材：450 克土豆，2.5 杯高汤，1/2 个中等大小的白洋葱，1.5 汤匙无盐黄油，1 汤匙面粉，1/2 杯切达奶酪。

烤鹰嘴豆食材：200 克鹰嘴豆罐头，1/2 大汤匙橄榄油，1/2 大汤匙酱油，1 茶匙辣椒酱，1/2 茶匙枫糖浆，1/4 茶匙烟熏辣椒，1/4 茶匙盐，胡椒适量。

装饰食材：原味希腊酸奶，香葱。

做法：

（1）将土豆去皮，切丁；洋葱切碎；切达奶酪切丝。

（2）将 2 杯高汤、土豆和洋葱放入慢炖锅中，大火煮 3 ～ 4 小时（或小火煮 6 ～ 8 小时），直到土豆变软。

（3）将烤箱预热至 205℃，将罐头中的鹰嘴豆取出，沥干水分，与橄榄油、酱油、辣椒酱、枫糖浆、烟熏辣椒、盐和胡椒轻轻混合，铺在铺有烤盘纸的烤盘上，烤 20 分钟，烤至鹰嘴豆稍微酥脆。

（4）将土豆煮好后，在一个大煎锅里用中火把黄油融化，加入面粉，不停搅拌，直到面粉颜色微微变色（约5分钟）。

（5）加入剩下的半杯高汤，搅匀。

（6）把黄油、面粉高汤的混合物加入到慢炖锅中，使土豆汤变稠。

（7）加入切达干酪丝，用盐和胡椒粉调味。

（8）装碗，在上面放上烤鹰嘴豆，加原味希腊酸奶、切达干酪和香葱装饰即可。

小贴士：

（1）这种慢炖土豆汤是素食者的营养汤品，鹰嘴豆和奶酪提供了丰富的蛋白质，土豆提供了碳水化合物，是周末进餐的不错选择。

（2）想降低热量，可以在炒面粉和烤鹰嘴豆时适当减少黄油的用量。

（3）非素食者可以在加土豆丁的时候加入自己喜欢的肉丁，做成美味的肉丁土豆汤。

（4）为节省烹饪时间，可以将土豆切小丁。

马铃薯非中式营养食谱

美式啤酒奶酪土豆汤

食材：2个黄褐色土豆，1汤匙黄油，1/2杯胡萝卜，1/2杯白洋葱，50克瘦火腿，1.5杯鸡汤，1杯啤酒，50克瑞士格鲁耶尔奶酪，1/4杯低脂牛奶。

装饰食材：50克干酪，酸奶油，脆饼干，熟绿豆芽。

做法：

（1）将土豆去皮，切碎；胡萝卜切碎；白洋葱切碎；瘦火腿切小方丁；干酪切碎；瑞士格鲁耶尔奶酪切碎。

（2）取一口锅，用中火加热黄油直到起泡，加入胡萝卜、洋葱和火腿，炒5～10分钟。

（3）加入土豆和鸡汤，搅拌均匀，盖上盖子炖20分钟。

（4）20分钟后，把大约一半的汤放在搅拌机里搅拌直到细滑，再转入锅中，加入啤酒、瑞士格鲁耶尔奶酪和牛奶，搅拌均匀。

（5）以自己所选择的干酪、酸奶油、脆饼干及熟绿豆芽装饰即可。

小贴士：

（1）只在搅拌机中搅拌一字的汤即可，汤的口感就会很细腻。

（2）如果你想把这道汤做成素菜，只要不加火腿，用蔬菜汤代替鸡肉就可以了。

（3）这款美味的啤酒奶酪土豆汤中，深色、浓郁的黑啤酒的味道散发出来，混合奶油和土豆的香味，非常令人着迷。

非洲土豆花生炖

食材：3 个红皮土豆，1/2 个洋葱，1/2 汤匙橄榄油，1/2 汤匙姜，1/2 汤匙大蒜，1/2 茶匙孜然，1/2 茶匙盐，1/4 杯花生酱，1/4 杯意大利面酱，1/2 杯番茄丁罐头，2 杯蔬菜汤，1 汤匙花生碎，1/2 个青柠檬，少许青柠汁，羽衣甘蓝 1 小束。

做法：

（1）将土豆去皮，每个切成 4 半；洋葱切丁；姜剁碎；大蒜切碎；柠檬切片；羽衣甘蓝切碎。

（2）用中火加热油，加入洋葱，翻炒几分钟，加入姜和大蒜，翻炒 1 ~ 2 分钟，加入孜然和盐，加入花生酱、意大利面酱、番茄丁和鸡汤，搅匀，烧至沸腾。

（3）加入土豆，用小火煮 15 ~ 20 分钟，直到土豆变软，煮透。

（4）加入羽衣甘蓝，继续煮 1 ~ 2 分钟。

（5）用青柠皮、青柠汁和碎花生装饰。

小贴士：

（1）这种纯素食的非洲土豆花生炖融合了土豆、番茄、花生和羽衣甘蓝的香味，是一顿完美的大餐。

（2）番茄丁罐头可以选择新鲜番茄切丁替代。

（3）可以选择性淋上辣味调料。

马铃薯非中式营养食谱

韩式土豆大酱汤

食材：土豆1个，牛肉300克，西葫芦1个，豆腐半块，绿豆芽100克，柿子椒1个，白洋葱1个，金针菇1把，蛤蜊1碗，色拉油适量，大蒜适量，辣椒酱适量，韩国大酱，第二遍的淘米水。

做法：

（1）将土豆洗净去皮后切片，牛肉切片，西葫芦洗净切片，豆腐用盐水泡过后切1.5厘米左右方块，洋葱切丝，青椒切圈，大蒜剁碎，豆芽清洗干净后择去底部，金针菇洗净去根部备用。

（2）在锅里放少许色拉油，油热后将牛肉下锅翻炒，牛肉变色后加入洋葱丝，爆香，等到洋葱变软后，将牛肉、洋葱铲出锅备用。

（3）将第二遍的淘米水倒入锅中，加入3小勺韩国大酱、2小勺辣椒酱，用筷子搅拌至酱料完全溶解。开火，水烧热后，将土豆、豆芽放入锅中，大火烧开后，加入豆腐和西葫芦，等到水再次烧开后，放入金针菇，将事先炒好的牛肉放入锅中，加入柿子椒和蒜末。

（4）等锅子再次烧开后，将吐净沙子的蛤蜊放入，用中小火煮几分钟后关火即可。

小贴士：

（1）在泡蛤蜊的水中加几滴油，蛤蜊更容易吐净沙子。

（2）大酱汤里的材料可以随自己喜好放入蘑菇或是香菇，以及其他时令蔬菜。

（3）如果不加牛肉，所有原料可以直接在石锅里炖熟。

（4）用第二遍的干净淘米水做酱汤，会让酱汤更浓郁。

（5）蛤蜊加热时间不宜太长，开口后即可，否则肉质会变老，不鲜嫩。

马铃薯非中式营养食谱

NO. 07 韩式辣白菜土豆汤

食材：韩国辣白菜100克，土豆1个，姜，盐。

做法：

（1）将土豆去皮，洗净，切条；辣白菜切两厘米左右小段儿；姜切片。

（2）把汤煲烧热加入食用油，下姜片和土豆条翻炒，炒至土豆条边缘微微透明，加入辣白菜翻炒均匀。

（3）加适量的清水后用大火烧开，转至中火，煮至土豆熟透。

（4）根据个人口味稍微加一点盐或不加均可。

小贴士：

（1）韩式辣白菜土豆汤有多种做法，根据个人喜好加入不同食材，可以在大火烧开水后加入五花肉片。

（2）土豆8成熟时加入适量的小鱼干、木耳等，可做成不同风味的韩式辣白菜土豆汤。

意大利乳清干酪土豆汤

食材：600克土豆（紫色、红色、黄色各200克），1个茴香球，1个小黄洋葱，4～6瓣大蒜，新鲜的迷迭香和百里香适量，1茶匙干莳萝，4杯低钠蔬菜汤，1片香叶，1汤匙柠檬汁，1/2杯全脂乳清干酪，1汤匙橄榄油，切碎的山核桃，切碎的香葱。

做法：

（1）将土豆去皮，洗净，切丁；茴香球去茎，切碎；洋葱、百里香、迷迭香切碎；干莳萝切碎；大蒜切碎备用。

（2）取一个大汤锅，加入橄榄油，用中火加热，加入茴香和洋葱炒至半透明，约需要5～7分钟。

（3）加入大蒜和迷迭香、百里香碎，炒至香浓，约1分钟。

（4）加入土豆、蔬菜汤、香叶，文火煮20分钟，关火，取出香叶，弃掉。

（5）加入柠檬汁搅拌。

（6）使用搅拌机或料理机将汤打成浓稠的糊状，如果需要，可以视情况加水稀释。

（7）放入汤碗中，淋上两汤匙意大利乳清干酪，撒上切碎的山核桃和香葱即可。

马铃薯非中式营养食谱

159

小贴士：

（1）如果想要添加更多的配料，可以试试青葱或紫薯丁，它们的颜色搭配更好看，味道也更好。

（2）土豆可以选用任何品种，不会影响口感。

（3）这款土豆汤包含了三种土豆和意大利乳清干酪，是一道适合剧烈运动后食用的营养汤品。

西式冷冻马铃薯产品

土豆的营养和美味使其在欧美国家颇受欢迎，冷冻土豆食品、半成品类目繁多。

完整的冷冻烤土豆

完整的冷冻烤土豆便于整体使用或切割食用，只需在烤箱或微波炉中加热。无论是单独用餐，还是搭配主菜，都非常完美。这种冷冻烤土豆可以在上面添加各种各样的配料，为任何餐馆或家庭增添地方风味。

冷冻土豆壳

冷冻的土豆壳是烤制后速冻的，为几乎所有的食谱提供了快速和健康的基础原料。它们具有均匀一致的尺寸，有利于加工时产品的均匀性，并使每份配餐的份额可以得到有效的控制。

半壳是任何口味或膳食风格的完美选择。可以在上面放上各种馅料，比如各种奶酪、蔬菜和肉类。它们是家庭厨房的一道绝佳开胃菜和配菜。半壳的独特形状和它们的顶级潜力，允许烹饪者在餐桌上创建属于自己的独特菜品。

冷冻薯角

冷冻薯角是传统油炸食品的一个更好的

替代品。薯角的肉质较厚，每咬一口都为顾客提供更多的土豆享受。薯角是搭配烤肉或三明治的流行菜肴，也可以作为比萨饼和其他食品的配料。

冷冻土豆泥

冷冻土豆泥食用简单、方便，省去清洗、去皮、切割、烹饪和捣碎的麻烦。土豆泥富含营养，是大多数主菜的一道很好的配菜，冷冻土豆泥为小批量或大批量制作土豆泥提供很大的便捷，尤其是自助餐厅。冷冻土豆泥可以很容易地添加各种配料或香料，创造出独特的味道。在欧美，土豆泥对于任何家庭或餐厅来说都是一种用途广泛的配料，是制作沙拉、汤、主菜甚至是充满风味和创意的烘焙食品的便利选择。

速冻土豆丝

速冻土豆丝在去皮、热烫、切丝后，立即急速冷冻，好处就是减少了劳动时间，消除了厨房垃圾。方便的是，它们可以不用解冻就能使用。这些多用途的土豆丝很容易被烤成土豆饼，或者用来做炒菜、砂锅菜、沙拉、炖菜、汤或放在披萨上。

速冻土豆丁

急速冷冻土豆丁在冷冻前已经预先煮熟，为餐厅提供了高度一致性的餐品，既节省了忙碌的厨房时间，又可以保证产品品质的均一性。这些美味的土豆丁通常用在炖菜、汤、面包屑或其他土豆菜中。

此外，还有大量的其他冷冻产品，包括各种形状的薯条。

附　　录

西餐通常用 1 杯、1 汤匙、1 茶匙等来计量原料的量的多少，与我国常用单位之间的换算如下：

添加量换算表

添加量或尺寸	1 杯	1 汤匙	1 茶匙	1 盎司	1 英寸
对应量	250 毫升	15 毫升	5 毫升	30 克	2.5 厘米

参考外文网站：

1.https://www.potatogoodness.com

2.https://potatoesusa.com